低科技丛书

玩具DIY

给孩子们的114个动手制作的娱乐项目

Popular Mechanics《大众机械》 编

曹庆刚 译

中国青年出版社

出版说明

为了让孩子们远离电子产品，通过手工制作、户外活动等方式锻炼他们的动手能力、激发他们的想象力和创造力，中国青年出版社推出了"低科技丛书"。本套丛书包括《少年工程师》《少年科学家》《少年魔术师》《环保小专家》《户外活动手册》《玩具DIY》，共6种。书中的方案均来自美国著名的科技杂志《大众机械》，这些项目方案看起来并不太"高科技"，却饱含智慧和精巧技艺，能启发孩子们开动脑筋，用最原始的材料和最简单的技术去创造并获得快乐。

书中收集了自20世纪初以来的众多经典项目，其中有些项目可能并不太符合我国国情，或者现在有更好的解决方案。但本套丛书的重点在于开拓读者的思路以及实际动手创造的能力，所以书中并未对这些"传世"的经典项目做任何更新，使读者尽享"低科技"之乐趣。

需要特别强调的是，书中的某些方案或方法、工具等，含有一定的危险性，所以务必请孩子们在成人的监护下并采取必要的安全措施进行操作。在实际制作时，家长或老师可以指导孩子采用更先进的工具、技术和安全措施。

书中方案涉及的尺寸、重量、容积等计量单位均由英制转为公制，具体数字一般精确到毫米。在实际制作时，制作者可以根据实际情况进行调整。

中国青年出版社

2013.12

目 录

前　言

　　凡是见过孩子玩礼品盒的人都会意识到孩子的想象力是独一无二的。孩子们不认为这些盒子是要扔掉的容器，而是将它们想象成一辆汽车、一架飞机、一个时光机等等。

　　如今，电子玩具、电子游戏和电子设备为孩子们创造了不可思议的虚构世界。这些技术充满了奇思妙想，开启了全新的想象空间，但这并不意味着传统的精巧发明和手工制造就会从此销声匿迹。本书将向您介绍许多传统玩具的制作方案。您会发现这些方案不仅能培养孩子们的动手能力，还能点燃孩子们的想象力。

　　本书介绍的一些制作方案设计有趣奇特，比如简易复写机。一些方案介绍几种动力装置的制作，让孩子们在娱乐中学习科学知识。一些制作方案历史久远，能指导孩子们做出极具复古味的东西。书中也介绍了一些小发明，比如水下望远镜。

　　各个年龄段的孩子们都能在书里找到合适的娱乐项目。年龄较小的孩子们可能会被制作一只玩具小驴的想法深深吸引，因为这只小驴被拉着走时，它的头和尾巴都会动起来。年龄大些的孩子会很好奇如何制作自己的

"室内球道"或者一把可以弹的夏威夷四弦琴。而树上摇摆的秋千，可能会受到大多数孩子的青睐。

在这里必须指出的是，本书中的各种制作方案都未经过任何更新，都是以原汁原味地状态呈现在书中。对于所有的制作方案，孩子们都要在大人的监护下，并采取必要的安全措施才能完成。方案中提到的材料和方法会受到当时技术的局限，而在制作时，您可以指导孩子采用更先进的工具、技术和安全措施。

本书饱含了20世纪初人们的创新想法，这些想法至今仍具有启发性和实用性。只要你愿意在阅读本书时带着一点想象力，即使不去实际完成这些制作方案，你也能感受到其中的无穷乐趣。来吧，翻开这本书，开始体会其中的快乐吧！

《大众机械》杂志

第一章
科学乐无边

奇妙的电机

· 蜡烛原动力 ·

用锡罐或纸板制成圆管，使其内侧直径能够卡住一根蜡烛，用轮轴将其中心固定在木制支架上。支架的制作简单，参照图示用3片木块即可制成。圆管保持平衡后，在两端插入蜡烛，并使其再次平衡。若一端较重，可以将较重一端的蜡烛点燃，当这端蜡烛升起，再将另一端点燃。两端燃烧的蜡烛所产生的蜡液交替下落，会使圆管两端上下摆动，就像是行走着的火焰。

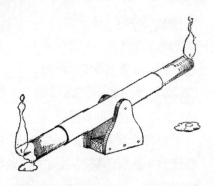

蜡烛交替滴下蜡液，使两端的重量交替变轻，从而引起圆管上下摆动。

· 如何缠绕电器上的线圈 ·

初学者要把从储藏室中找出的电器线圈缠绕得井井有条、近乎完美是非常困难的。但是在开始缠线前，如果有一个小工具，再加上对细节的注意，就能成就堪称专业和精湛的作品。

在一开始需要说明的是，决不能将电线直接缠绕在铁芯上，因为这种做法不能取得令人满意的结果，而且人们在使用完线圈后，常常希望将线圈从仪器上取下来。因此，我们建议制作一个线轴，由有两个端头的厚硬纸管组成。根据铁芯的大小取长度适中的硬纸板，仕其表面涂抹一层鱼胶，与铁芯直接接触的部分除外。将硬纸板绕铁芯卷紧，直至其厚度从0.8毫米变为1.6毫米，这个厚度根据铁芯的直径进行调整。用绳子将硬纸管缠绕起来，直至胶完全凝固，然后根据要求打磨和修剪。

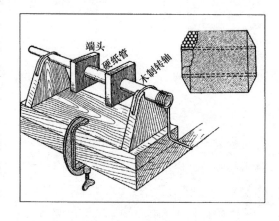

如果金属丝的规格不是特别小，而且无需缠绕得特别厚，那么硬纸管的两端就不需要端头了。如果金属丝的每一层都涂上虫漆，并在缠绕到比上一层少一圈半的时候就停止，硬纸管也不需要端头，可以参考配图中右上角的部分。图中的小圆圈显示的是金属丝的横截面，从下向上，金属丝缠绕的圈数依次递减。在正常的情况下，使用这种方法可以将磁铁的金属丝缠绕至超过38毫米的厚度。

管子准备完毕后（端头可根据需要制作），就要制作图中所示的小的绕线夹具。手动旋转所需要的基本工具就是一根略呈锥形的木制转轴，将其插入管子内。放置木制转轴的支架可由2个上端带有凹槽的木板制成，并在木板上端与转轴垂直的地方钻通孔，用于将绳子或金属线从中穿过来固定转轴。用硬铁丝弯曲缠绕在转轴较粗的一端，当做转动曲柄。为了防止在对每一层绕完的金属线进行调整或是制作接线时转动曲柄发生回转，可以在合适的位置安装一个线环或金属环以将曲柄固定。此外，还应当在桌子下方安装一个合适的支架，便于固定整个装置。在制作过程中，很多细节需要留心。这个装置制作好后，你就会发现其实绕线只需要花费很短时间。

· 如何制作玩具蒸汽机 ·

玩具蒸汽机的制作可以使用几乎人人家中都能找到的旧部件来完成。

图1中的汽缸A是切成一半的旧气泵；蒸汽室D是气泵中活塞管的一部分，而活塞管的其他部分可以用来制作轴承B以及曲柄的轴承C。飞轮Q可以是任意铁质转轮。如果飞轮上的孔与转轴相比过大，可以用硬木块将孔进行填充。转轴用钢筋制成，直径与轴承B上的孔适配。

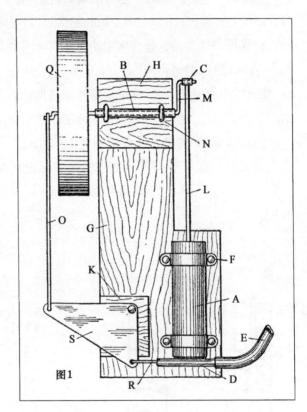

组装后的蒸汽机。

基座是木制的，其中厚度为9.5毫米的木块H和K用于支撑轴承B和锡制曲柄阀S。软管E与锅炉连接。将卡子F焊接到汽缸上，再用钉子将其固定在基座上，轴承B用钉子进行固定。

图2和图3所展示的是阀门运动的情况。图2中，蒸汽进入汽缸，图3中，阀门关闭了进气口，并打开了排气口，使得汽缸中的蒸汽能够排出。

图2所示，活塞由一个炉用螺栓E和两个垫圈F以及圆柱木块G组成。如图3，将其用软绳缠绕并用稠油浸透。在螺栓E的上端凿出一个凹口，以便与连接杆H相连。阀门B的制作可以使用旧的自行车辐条C和螺母，将螺母一分为二，锉成图中所示的样子，并用细绳填充两半螺母之间的空隙，然后用稠油将其浸透。

图1中的曲柄阀S用锡片或是镀锌铁片制成，它在飞轮转轴上的小曲柄的带动下运转。这个小曲柄应当与主轴承呈直角。

图4中，锅炉的主体部分可以由旧的油壶、药粉壶或糖浆壶制成，壶上焊接有一根管子，并通过一根橡胶管把它与蒸汽机连接在一起。一个小燃气炉所释放出的热量就足以让蒸汽快速释放，带动蒸汽机运转。

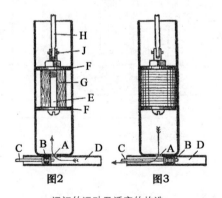

图2　图3

阀门的运动及活塞的构造。

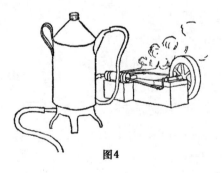

图4

运行中的蒸汽机。

· 机械玩具的蜗轮传动装置 ·

每个拥有电动小马达的孩子都会乐于把它用于组装起重机、研磨机等机械装备，从让马达转动中获得无穷的乐趣。但是，因为马达总是高速旋转，并且它只有一个很小的转矩，所以常常需要某种减速装置来和它配合。这种装置常常由大大小小的皮带轮组成，并使用绳子当做传动带。然而，一个更佳的选择是使用蜗轮传动装置，其优点就在于与把速度从10降到1相比，它把速度从100降到1能一样容易或更容易实现。而且因为速度大幅降低，转矩就会大幅增加。在蜗轮传动装置的作用下，一个很小的马达能够驱动通过细绳和小三角皮带轮不能驱动的装置。

在蜗轮传动装置中，传动构件或蜗杆就是一根螺杆。在较大的螺杆上可以使用一种特殊的螺纹，但如果是用于玩具传动的小型传动构件，这就完全没有必要了。任何带有较好且完整的螺纹的螺钉或机器螺钉都能用作传动蜗杆，其前提条件是可以找到合适的传动齿轮或蜗轮作为从动构件。蜗轮上面必须要有一定数量的轮齿，与要求的速率相对应。如果使用单螺纹螺钉，若蜗轮上有50个轮齿，那么速度就会降至1/50。

为蜗轮切割轮齿所需要的唯一工具是普通的螺丝模。蜗轮和螺杆上的螺距必须相同。在这里，每25毫米内有20个螺纹即可。

图1和图2展示了两种给蜗轮切割轮齿的方法。图1所示的是将3块木块钉在一起制成的固定装置。其他所需要的材料是固定齿轮毛坯所需的螺丝、1个圆铁钉和1个较大的U形钉。图2显示的是如何在车床上完成此项工作，可以使用任何配有横向进刀的车床。在此需要注意的是，尽管木托可以牢牢地卡在车床刀座内，但还是有必要在木托的前侧下端楔上木块防止其颤动。

未切割轮齿的蜗轮是从铜板或软铁板上切下的中心带孔的圆盘。如果对降速的幅度没有准确的要求，蜗轮的直径就不需极为精确。蜗轮直径的计算方法是用螺距（蜗轮上相邻轮齿间的距离）乘以轮齿数量再除以3.14所得的结果。因此，与螺距为1.3毫米的螺杆配套使用，且轮齿数量为100的蜗轮的直径应当为100×1.3÷3.14，约有40毫米。在实际操作中，蜗轮的直径一般大约是40毫米，制作过程中最主要的任务就是将蜗轮制作得尽可能得圆。图1所示，在手动固定装置中，轻轻敲击U形钉以进行进刀。起初，先敲击U形钉，直至螺丝模上的轮齿刻入无齿蜗轮的边缘为止。然后，用钻孔器或扳钳转动螺丝模。在车削过程中，需要注意螺丝模上的轮齿是否压入此前刻出的轮齿。如果是刻出了新的轮齿，可以用手将无齿蜗轮向后或向前轻压。在车削时，要不时地敲击U形钉，以确保螺丝模上的轮齿压入此前刻出的轮齿，而非刻出新的轮齿。

图3所展示的是马达如何通过蜗杆和齿轮带动低速轴的一种方法。在操作的过程中，必须要对蜗杆和齿轮进行不停的调整，因为在使用简单

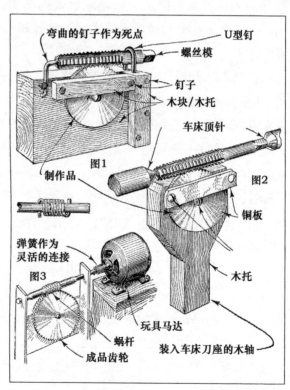

两种为小蜗轮切割轮齿的固定装置：第一种为手动，第二种使用车床。最下方图片显示的是如何连接蜗杆传动。

轮齿的情况下，如果蜗杆和齿轮过紧地压在一起，其运行状况将不会太好。图3中的蜗杆是用螺杆或螺栓通过车切或锉磨制成，上面带有合适的螺纹，其两端形成轴颈。为了美观起见，也可以将螺纹锉掉，只保留与齿轮啮合的部分。

· 玩具沙引擎 ·

制作玩具沙引擎所需的部件易于获取，它能够让业余小技师接触到一些机械运动在现实中的有趣应用，让孩子们感到乐趣无穷。如图，沙子从顶部的沙箱流入沙斗中，使机器在沙子的重力作用下运转。因为每次只有一个沙斗被装满，所以十字头和连杆就会交替下落，而小飞轮的作用就是阻止其在死点停止。当沙斗下落至最低点时，沙斗的一端就会触及倾卸装置，从而使沙斗倾斜，倒出沙子。

顶部的沙箱通过滑阀交替向两个沙斗中填充沙子，这在引擎开启时就会自动运转。阀门由带有两个开口的锡片组成，开口与沙箱底部类似的开口相匹配。这些开口的间距要使一个沙斗在装沙时，另一侧的开口能够关闭，并且那一侧的沙斗正在下降。滑阀在阀杆的作用下水平移动，而阀杆则用螺丝连接到框架上的托架上，并以螺丝为枢轴转动。在曲轴的一端紧紧地固定着一个带有槽纹的凸轮，通过凸轮可以控制沙箱底部开口的闭合。用旧的线轴作为凸轮的基座，并在上面刻出椭圆的槽纹，槽纹的大小要足以容纳阀杆的一端。为了确保滑阀能够在合适的时间闭合，凸轮的切刻和尺寸确定可能需要进行几次尝试，直到阀门能够"定时"闭合。凸轮槽纹与线轴两端的距离越近，阀杆移动的距离就越大。阀杆的上端插入到在滑阀一端为其预留的孔中。阀门需要是"定时的"，这样，在沙斗装沙下降到一半之前，阀门将一直处于打开状态。

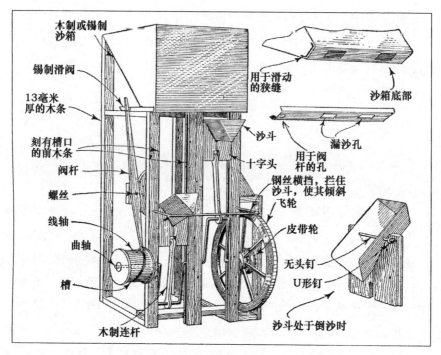

木制或锡制沙箱

锡制滑阀

13毫米厚的木条

刻有槽口的前木条

阀杆

螺丝

线轴

曲轴

槽

木制连杆

用于滑动的狭缝

沙箱底部

沙斗

用于阀杆的孔

漏沙孔

十字头

钢丝横挡,拦住沙斗,使其倾斜

飞轮

皮带轮

无头钉

U形钉

沙斗处于倒沙时

玩具沙引擎中应用了一些众所周知的机械运动。沙斗在滑阀的配合下从沙箱中自动装沙,这与蒸汽机的工作原理相似。

此外,还需要对阀门进行调整,使一个沙斗在下降到底部时,另一个沙斗就开始装沙。

· 让发动机移动起来 ·

发动机总是要用来从事不同的工作,首先是在牧场上的井边,然后是几百米外的谷仓。为了方便移动发动机,农民为发动机进行了一番装配,以免每次都要用马车装卸运送。

图片中所展示的就是这套装备。马达通过拉动后部的旧割草机轮进行牵引。将一个离合皮带轮拴在后轮的轴上。在其内侧外围安装螺栓，充当轮齿，与扁节链相连。短皮带将水平传动轴与马达皮带轮相连，从而带动

对农民来说，即使是一个小型的马达，如果将它运来运去从事不同的工作也是令人相当苦恼的，因此他设法使马达自己移动起来。

扁节链。如图，控制杆与前轴用铁杆相连，通过调节控制杆可对马达进行操控。

· 快速制作玩具电马达 ·

图中所示的电马达构造简单，使用在任何车间中能找到的零部件就能轻松完成。从易拉罐上剪下6条宽13毫米、长89毫米的金属片，并将它们叠在一起做成U形，这就制作出了磁铁A。最外面一层的金属片要略长于其他的金属片，以便将其末端向内侧弯曲，对所有的金属片进行加固。将磁铁A用螺丝固定在小木制底座上。在底座的一侧固定竖杆B，竖杆顶部安装较轻的木制凸出托架C。转轴D用一根铁钉制成，将铁钉顶部锉去、锉尖即可。将转轴D穿过长38毫米的金属片（金属片材质与磁铁A相同），从而制作出旋转电枢E。

采用重击铁钉的方式在磁铁底部正中心位置制作一个小凹槽，这样转轴D的下端就能够放置在凹槽内。对于上端的处理，可以将铜螺丝（如图，穿过托架C）的尖头锉平，并用同样的方式敲出一个凹槽，也可以用小钻钻上几圈，形成凹槽。要对这个螺丝进行调试，直至转轴能够与电枢一同自由旋转，且不会触碰到磁铁A的上端。在磁铁的两个铁芯上先裹上一层纸防止短路，然后再分别缠绕40圈规格为24或26的纱包铜线。两根铁芯上缠绕铜线的方向应当相反，这样铜线在从一根铁芯向另一根铁芯缠绕时，中间的连接线就会像图中所示一样从对角线上穿过。电刷F的制作也很简单，将缠绕完毕后的铜线末端的纱衣去除，对折后用螺丝牢牢固定在竖杆B的侧面。固定后，将其略微弯曲，使其外延部分能够轻触转轴D。将转轴D取出，并用锉将转轴D上与电刷F接触的位置的两侧锉出两个小平面，方向与电枢的纵向中线垂直。在重新放入转轴D后，要对电刷F进行调试，使转轴在转一圈时与电刷接触两次，并且在静止时不与转轴平面部分接触。接下来就是接通电源了，与电池相连的一根电线连接马达顶部穿过托架C的铜螺丝，另一根连接缠绕磁铁的纱包铜线的一端（铜线的另一端与电刷相连）。旋转电枢使之启动，接着它将以惊人的速度运转。

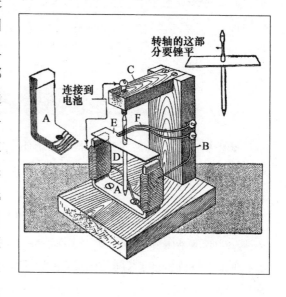

小发明，大智慧

· 如何制作实验用的导螺杆 ·

在实验中常常会需要用到一根细长的平行螺杆，用于器械某些部件在直线上的调整和移动。有一种简单的方法可以制作

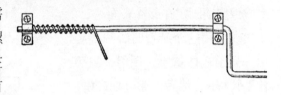

这种螺杆。根据需要选择长度和直径合适的直杆，然后在其表面完全镀上一层锡。在焊锡仍然很热的时候将直杆表面多余的锡刮掉，并用足够长的亮铜线将直杆表面包裹，两端固定。将直杆放在蓝色煤气火焰上加热，同时用焊锡将铜线牢牢固定。为了使焊锡层均匀平整，在加热的过程中可以用蘸有焊剂的小胶刷频繁刷动。

· 简易装置让图片"动起来" ·

鼓形圆柱A由木材制成，高44毫米、直径30毫米，底部插入圆棍B。如果有木工车床，可以将鼓形圆柱与圆棍制成一体，不过将窗帘杆上切下的一节或是铅笔插入鼓形圆柱底部的孔就能够满足需要。务必要将圆柱的直径制成30毫米。

制作一个厚13毫米、边长51毫米的正方形基座C。如图，将带有切口E的硬纸板固定在基座上。硬纸板51毫米宽、64毫米高，切口宽13毫米，切口距离顶部6毫米、底部19毫米。在基座的中心钻一个孔，孔的

大小可容下圆棍即可。

接下来就是准备图片，并将图片粘贴在圆柱上。图F中所示的是一个小男孩击打鹅卵石的画面，图纸长111毫米。将图纸用胶水或橡皮筋固定在圆柱表面。

在使用这个装置时，只需要用一只手托住基座，用另一只手转动圆棍B。然后，通过切口E向里看，你就会发现一个小男孩正在敲击石子。可以制作各种各样的图片进行替换。

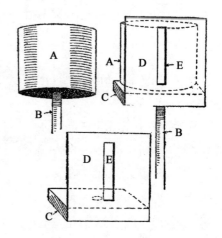

粘贴图片的旋转部分的制作方法。

图片上不同的姿势在圆柱转动时将会产生动态的效果。

· 有趣的水下单筒望远镜 ·

水下单筒望远镜制作方法简单，能在浅水中探索水下动植物，从而带来巨大的乐趣。首先将一块厚玻璃安装在直径约51毫米的圆形金属管的一端。玻璃安装在两个金属圆环之间，最好是带有凸缘的金属圆环。

使用防水粘合剂将玻璃安装在两个圆环之间。那么如何使用这个望远镜呢？将其靠在水面上船只的一侧或是其他方便的地方，将安装有玻璃的一端放入水中，这时就会看到极其清晰的画面。

· 万年历 ·

如图中所示，要设置这个日历，只需要在每个月的第一天将插入的纸片上下移动，以调整得到正确的月份或星期。图中的日历设置的日期是1916年1月。星期六是第一天，星期五是第七天。这种万年历用起来很容易。设置好后，如果知道星期几，就能找到对应的日期；如果知道日期，就能找到对应的星期几。图中就清楚地展示出了万年历的各个组成部分，它们都是用硬纸或纸板剪切而成的。

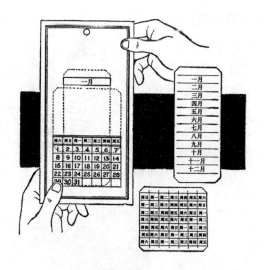

在每个月调整日历时，只需要
调整可滑动的部分即可。

· 简易投影机和放大机 ·

这个装置可以用来投影卡片或是放大照片底片。需要普通相机提供
镜头和皮腔①，与自制的暗箱安装在一起。装置的制作方法如下：

用13毫米厚的刨平的软木制成边长203毫米的正方体木箱。用钉子
将木箱的侧面板固定，暂时不安装顶板和底板。为顶板和底板留出的这
两个开口将作为整个装置的前侧和后侧。用铰链在后侧安装一个203毫
米×203毫米×13毫米的木板D当做门，并在门上安装一个钩子使门保持
闭合。在前侧安装203毫米×203毫米的木板E，并在其上开一个正方形
的孔，大小与照相机后侧的开口相匹配，这就是装置的前板。对前板进
行剪切，使其能够夹在盒子侧板之间而不是像后板那样压在侧板上。在
顶端开一个正方形的孔便于通风，在孔的上方加一个罩子，防止光线透
射到前方。

---

① 皮腔指安装在镜头与机身之间可任意伸缩的折叠皮囊。

在将这个装置用作投影机或是幻灯机时，需要两盏40瓦的钨丝灯泡A。将灯泡分别安装在箱子底板上并用螺丝固定的灯座上。电灯线的一端与两盏灯连接，另一端与插头相连，电灯线从盒子底部的孔中穿过。用表面光亮的203毫米×178毫米镀锡铁片制成两个反射镜B，并在每个反射镜的一个侧边沿线钻孔，以便于安装。在安装前，先将反射镜折成半圆形。支撑卡片的装置是C，它用镀锡铁片制成，并弯曲成图中所示的形状。在C板的中心钻一个孔，再用螺钉作为枢轴将其安装在后板的门上。这样，无论是水平还是竖直的图片，它都能够调整到合适的位置使用。在卡片支架和门之间安装一个垫片。相机机身的厚度是已经确定的，如图中所示，在装置的前板上固定一个滑槽，用于支撑相机机身。

在将其用作投影机之前，必须要先对其进行调试，使其能够与现有型号和尺寸的相机搭配使用。设备的调试需要在黑暗的房屋中进行，并且需要有一面墙充当图像投影的白色幕布。调试的过程如下：首先将相机的后侧卸下，将相机放置在滑槽内，皮腔处于收缩状态，将快门打开。将卡片插入C中，点亮灯泡。将前板与相机在盒子内前后移动，直至各部件聚焦，即屏幕上出现最为清晰的图

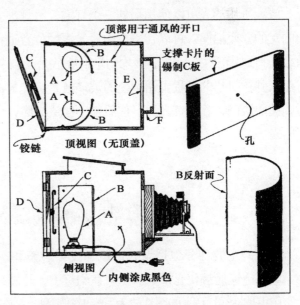

把普通小相机安装在这个装置中后就可以用作放大机或投影机。

像。随后，点亮黑暗的房屋，用钉子将前板固定在确定的位置。调试完毕后，将盒子的内外均涂成黑色，除了反射镜的反射面和发光灯泡外，其余各部件均涂成黑色。将前板固定后，接下来的聚焦就可以通过纵向调整相机的镜头板来实现。可以制作任何适合卡片支架的各种图片。彩色的幻灯片可以投射出它们自然的颜色。

若将同样的盒子用作放大机，只需要进行一些细微的改变即可。不需要使用投影所需的灯泡，不过可以将它们留在盒子中，并且拧松螺丝使线路断开。将需要放大的底片或胶片放置在开口E处。如果使用胶片，可以先将两片玻璃用回形针固定在前板内侧，然后再将胶卷夹在玻璃之间。如果使用玻璃底片，那就不需要额外的两片玻璃了。如果底片不能完全遮蔽相机的开口，那么就需要裁剪密度较大的黑纸对光进行遮挡。

放大所用的光可以使用另外一个灯泡，将灯泡安装在基座板上用螺丝固定的瓷质插座。可以在房屋中对光源的位置进行调整，直至其位于前板开口E的正后方，并能够均匀地照在底片上。将相机前后运动进行对焦，并在对焦的过程中用黄色的玻璃或是荧光屏遮住镜头。对焦完毕后，关闭快门，移除荧光屏，然后缩小镜头光圈，使底片的具体图形展现出来。

· 奇妙的幻灯 ·

幻灯的主要部分包括聚光透镜、投影透镜和一些连接各部件的配件。聚光透镜能够使光束聚拢照射在幻灯上，让图片均匀透射。投影透镜的作用是将幻灯片上的图片放大后投射到银幕上。在制作中要选用最好的材料，并仔细地将各部分组合在一起，才能在银幕上投射出清晰的图片。

首先要制作的是幻灯的灯罩或盒子。本文使用电灯作为光源，但是如果盒子的质地是金属的，也可以使用煤气灯或油灯。锡盒的大小如图1中所标记的尺寸，这样的盒子可以在当地的商店中买到。但如果找不到这样的盒子，也可以将一片锡片剪成图1中所示的样子。沿着图中的虚线将锡片折成图2中所示的盒子，盒子放置在厚13至19毫米、宽203毫米、长356毫米的底板上。在盒子内灯的后方放置一面反射镜。

取一个焦距380至508毫米的平凸或双凸透镜（聚光透镜）和一个直径50毫米的投影透镜。投影透镜的焦距要根据所需要的画面大小来进行选择。

幻灯的木制部分用厚13毫米的松木、白松或胡桃木制成，并根据要求使用螺丝、曲头钉或胶水将各部分固定在一起。放聚光透镜的木板宽406毫米、高380毫米，两端用板条固定，以防止木材弯曲变形。取木板的中心点，在中心点上方25毫米的位置用圆规画出230毫米的圆圈，用钢丝锯或铨孔锯将圆圈内的木板锯下。如果使用较小的锯子，并且在锯的过程中非常谨慎，那么锯下的圆板还可以用于制成支撑聚光透镜的圆环A。如图3所示，圆环是由圆环A和圆环B组成。圆环B内侧和外侧的直径分别比圆环A内侧和外侧的直径大9.5毫米。因此，在把两个圆环同心固定在一起时，就会在圆环内外形成两个槽子，内槽用于卡住透镜，外槽用于将圆环安装在板C上。圆环借助圆扣DD卡在板C中，

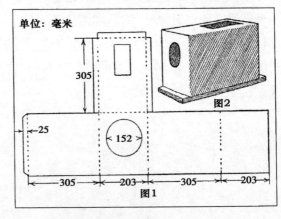

灯罩。

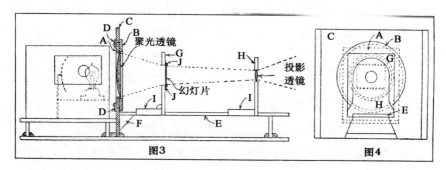

幻灯机细节图。

并在其中旋转。

　　用支架F将长约600毫米的桌板E与板C固定，并在桌板的外端用立杆支撑。在制作幻灯片支架G和透镜支架H时，要使它们能够在木条I的引导下在桌板B上滑动。取两个锡片J弯成图中所示的样子，将其固定在支架G矩形开口的上端和下端，用于放置幻灯片。

　　将各部分紧紧连接在一起，并使活动部分能够自由滑动。在这些步骤都完成后，首先对所有部件进行打磨，并在其表面刷两遍虫胶清漆，然后将灯罩放置在聚光透镜后方的底板上。这样，幻灯机就可以使用了。

　　可以通过调整桌板E上的活动部件来获得合适的光源和焦点。在将各部件都放置在合适的位置后，就可以进行投影了。如果幻灯和银幕的位置不发生变化，那么所有的幻灯片都将会在银幕上投射出清晰的图像。

侦探实验室

· 简单的密码 ·

你是否曾需要秘密代码，将信息加密后传递给某个特定的人？如果答案是肯定的，那么你肯定记得制定代码和解密字母是多么地困难。这里所提到的秘密代码可能只需几分钟就能掌握。不知道关键词的人很难将密码破解，而在了解了之后，解密就变得非常容易。

这个代码一般被称为"公平游戏"代码，在一些外国军队中使用。它是一种置换代码，在使用的过程中先确定1到2个关键词，然后将文本信息中的每两个字母用代码中的两个字母替换。若使用这种加密方式，在准备的过程中，通信双方首先要确定关键词，并将关键词放置在代码方格中双方都同意的位置。如图1所示，将一个大方格平均分成25个小方格，把关键词的字母填在对应的方格内，其余方格用其他的英文字母填写。关键词中不得包含重复的字母。字母I和J视为相同的字母，可以填到同一个格子中，字母I在编码的过程中总会被使用到。

假设单词grant和field是关键词，将它们填写到第一行和第三行。如图1所示，这就构成了方格代码的基础部分。接着，从第二行左边的空格开始用其他的英文字母填满剩余的空格，按照字母顺序进行填写，并且不得使用关键词中的字母。填完后的代码就会如图2所示。

将需要发送的信息文本进行分组配对，连续2个字母为一组，并用代码方格中的字母进行替换。如果出现2个相同字母在一组的情况，则在相同字母之间插入字母X。在破译的时候可以将这个多余的字母忽略。如果最后出现字母落单的情况，则在最后添加字母X，与之组成一对。

假设需要进行加密传送的信息是"Will you meet me as agreed？"。这句话中出现了三个相同字母成对的情况，因此需要用字母X对它们进行分隔。分组配对后的信息就变为：

WI LX LY OU ME XE TM EA SA GR EX ED

每对字母在方格中的位置分三种情况：同一行、同一栏，或是在方格内小方格组成的矩形的对角上。

在第一种情况，R和P位于同一栏（第二栏）。将这两个字母换成其下方的字母，即C和W。如果两个字母为K和Y（第四栏），用L替换K，用第一行第四栏的N替换Y。第二种情况，P和U位于同一行（第四行），用Q替换P，用第一栏第四行的字母O替换U。第三种情况，字母R和S位于矩形的对角上。用同一个矩形另一角上的字母将其进行替换，即N替换R，P替换S。进一步说明，就是将NE换成AL，BZ换成MV，TP换成RU。

根据上面的规则对这条信息进行加密：

WI LX LY OU ME XE TM EA SA GR EX ED

RP EY SN PO HD AQ MD QH QN RA QA LF

在发送信息时，为了加大破译的难度，可以将句中字母每5个分为一

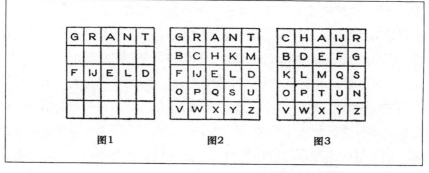

图1　　　　图2　　　　图3

图中所示的加密代码，若将其关键字进行替换就能够广泛使用。

组，这样就需要破译者要确定加密使用的是移位法还是置换法。交给发报员的信息就变成了：RPEYS NPOHD AQMDQ HQNRA QALFX。

　　在对信息进行解密时只需将加密方法逆向使用即可。将收到的信息中的字母每2个分为一组，忽略最后一个字母X，因为它是在将字母每5个分为一组时用于凑数的。从字母组的左端开始逆向使用加密方法。如果一对字母出现在同一栏中，用其上方的字母将其替换；如果它们出现在同一行中，用左侧的字母进行替换；如图它们出现在矩形的对角上，那么用同一个矩形另一个角上的字母进行替换。为了测试是否理解了这种方法，可以根据图3中的信息进行解密，其关键词为第一行中的CHAIR和第四行中的OPTUN。要进行破译的信息为：FQVUO IRTEF HRWDG APARQ TMMZM RBFVU PICXM TRMXM AGEPA DONFC BAXAX。

· 隐秘的锁销 ·

　　如图所示，抽屉上的锁因没有钥匙而无法使用，这时可以在抽屉下方安装一个隐秘的锁销。在抽屉下方的横杆上钻一个孔，孔穿透横杆进入抽屉的竖板中。向孔中插一根硬木接合销或钢钉，使其在孔中略微宽松，用一个薄金属片将其卡住。若要将锁销取出为抽屉解锁，可以将金属片拨到一侧，锁销便会掉出。这种锁不容易被发现，对于那些容易被撬开的抽屉，使用这种锁将会增加额外的安全系数。

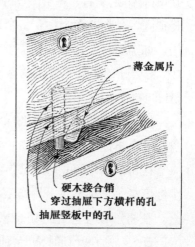

薄金属片

硬木接合销
穿过抽屉下方横杆的孔
抽屉竖板中的孔

· 简易实用的组合密码锁 ·

这里所介绍的密码锁已经在寄存柜和信箱上使用了许多年。如图所示，锁包括3个圆盘，但是建议像图4中那样使用2个圆盘。制作锁的方法如下：如图1所示，从厚度为5毫米或6毫米的硬木上切下圆盘A，圆盘A的直径在25至102毫米范围内，具体大小根据锁的大小来决定。如图，若使用50毫米的圆盘，在圆盘边缘切出宽度和深度都为13毫米的凹槽B。轴的制作，可以取一根9.5毫米×50毫米的硬木销C，在销子的一端钉入普通的无头铁钉，钉子露出木销约6毫米。

锁盒如图1所示，其大小能够容纳圆盘。将略厚于圆盘的木条固定在盖子内侧边缘。将圆盘放置在图中所示的位置，并在基板上为钉轴钻出小孔。用搭接的方法将硬木制成的卡闩D和木杆E固定。在每个卡闩D的两侧均安装夹板以将其固定。活动柄H在盖子的凹槽中运动，并安装在木杆E上。

如图3所示，在锁的盖子上开出开口J。通过开口可以看到密码，在开口J制作完毕后，将卡闩D的一端插入到圆盘上的凹槽中，然后用螺丝将锁固定。在圆盘上标记每个开口的中心处，方便这个密码锁的暂时使用。如需要将锁锁住，则需要将活动柄H向左推，然后转动圆盘上的轴C；若要开锁，则需要将圆盘上的标记调整到开口的中心，然后将活动柄H向右推。

接下来需要制作的是纸标度盘K，直径如图1所示。如图，根据标度盘的大小将标度盘均等分为50至100份，并画出刻度线。

在每5个刻度线上标记数字。用图钉在每个圆盘A的表面上固定一个标度盘。把标度盘上用作组合密码的数字要准确地置于圆盘的标记之上。在将锁锁住前先对组合密码进行验证。除非是圆盘上的凹槽宽于卡闩D，否则在开锁时需要将圆盘调整到非常精确的位置才能将卡闩插

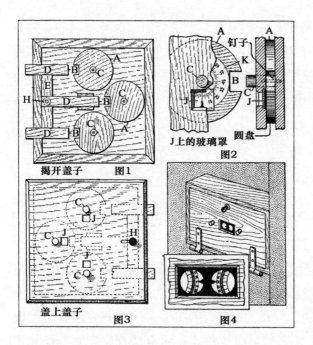

D B C A
E
H D B
D B A
揭开盖子　　图1

A 钉子
A
K
C
B
J
J上的玻璃罩　　圆盘
图2

C J
C J
H
J
C
盖上盖子　　图3 图4

该木制组合锁制作简易、使用方便。

入。如图2所示，为了便于开锁，可以在开口J上方的玻璃上画线或是用黑纸做成箭头进行指示。通过调整标度盘的位置可以改变组合密码。因为可能的数字组合方式非常多，所以他人很难将密码破解。在大多情况下，含有两个圆盘的锁就足够用了。

· 巧妙复制图画 ·

年轻的绘图员在用复写纸复制图画的时候容易弄脏图画，为了避免这种情况的出现，可以用未经光泽处理的纸张替代复写纸，只需先在纸张的表面涂一层从铅笔上磨下的铅粉即可。若在临摹的过程中出现错误或是用力过轻，可以很容易就用橡皮将复印出的图画擦除。

如果需要图画的复印件，而且并不要求复制品保持相同的左右方向，那么可以将原始铅笔图画扣在一张纸上，然后使用平整圆润的东西摩擦画纸的背面。将复制后的图画使用同样的方法再次复制，就能够得到和原图画一模一样的复制品。

· 组合电控门锁 ·

如图所示，将一个组合锁与警铃连接在一起，在建筑的外部进行控制，这使普通的电控门锁得到了更有效的应用。

图中的3个数字是1、2、4，也可以是用作门牌号的其他数字。它们是用某种绝缘材料制成，被固定在6毫米厚的绝缘纤维或木制基座上。使用普通的铜头钉（图上的黑点）将数字进行固定。将钉子的一部分钉穿基座，使其充当电路连接点，将电线焊接在上面。用电线将钉子如图那样交错连接，其中有三个钉子除外，比如图中的A、B、C。

将上述交错连接在钉子上的连接线的末端依次连接到电路中，电路上连接了1个普通的振铃D和电源E。如果任意两个相邻的钉子（除了A、B、C）被连接在了一起，振铃电路就会接通，从而使振铃发出响声，以提醒有人正在改动电路。知道连接组合方式的人可以将A和B连接，同时将C与F或G相连（F或G可以被其他和电池另一端相连的钉子替代），这样将锁H的电路接通，从而将门打开。可以使用刀子、钥匙或指环等金属物将上述连接点接通。因此，在知道组合连接的情况下就不需要携带钥匙了。

固定有数字和钉子连接点的基座应当安装到另一个带有凹槽的基座上，凹槽用于容纳电线和钉子接头。

组合连接的难易程度可以通过用不同的方式连接钉子或给振铃和锁使用单独的电源来进行调节。如果有已经安装好的电路通向门锁，则不需要连接额外的线路，使用现有电路即可。

这样的装置也可以用在私人办公桌的抽屉上，效果也非常令人满意。将电源安装在抽屉的后侧。如果电源出现故障，可以把一个新电源与B和J连接，从而将抽屉打开，更换新的电源。

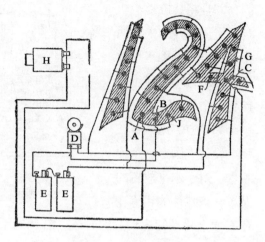

固定数字的铜头钉构成了接点。

· 简易复写机 ·

对于孩子而言，复写机是一个有趣且充满新意的装置。如图所示，复写机的两个部分除了橡皮筋的位置不同，其余完全相同。它们可以制作成不同的尺寸。为了取得更为满意的效果，可以将基板制成178毫米×305毫米，传动臂B长127毫米、宽19毫米，三角板C的两条直角分别为152毫米、89毫米。在传动臂B上钻一个孔，孔略小于所使用的铅笔。如图中的A所示，在孔的边缘上开槽，使得铅笔能够紧紧地卡在孔中。将传动臂B固定在三角板C上，使其能够自由移动。三角板固定在基板上，也能够自由移动。用橡皮筋D拉住活动的部分。细绳E应当较为牢固，并且将其拉紧。

上方的图中，两个装置被平行地水平放置。而下方小图显示如何将一个装置放置在另一个的上方。用图钉在每个设备上固定一个便签本。对于水平放置的装置，当左侧的铅笔在

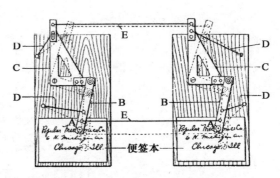

用铅笔在一个便签本上写下的信息都能够传递到距离相当远的另一个便签本上。

便签本上移动写出信息的时候，右侧的铅笔就会跟着它的运动轨迹活动。用枢轴固定的三角板将运动轨迹传递到细绳E上。细绳E拉动另一个三角板，并带动其传动臂。橡皮筋的作用是让设备的运动平稳。如果要进行娱乐或实验活动，可以将两个设备放置在较近的位置，也可以通过安装适当的滑轮和绳子将它们放置在不同楼层的房间里。

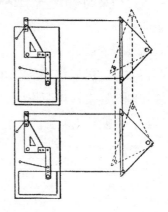

· 自制实用潜望镜 ·

能够娴熟使用工具的孩子就能制作出实用的潜望镜。图中所示的潜望镜可以在游戏中使用，也能够在其他场合使用。例如，帮助商店的工作人员看到进门的人。

潜望镜由长457毫米、宽89毫米、厚9.5毫米的方形盒子构成，盒子

两端不封闭。如图所示，在靠近盒子的一端以斜角45度安装一面镜子。镜子的正面对着一个三角形的开口，开口在盒子的一侧。用同样的方法在管子的另一端也安装一面镜子，其正面与上端镜子相对，同样也对着一个在盒子一侧的开口。在使用这个设备时，使用者通过下端的镜子进行观察。图像会从上端的镜子反射到下端的镜

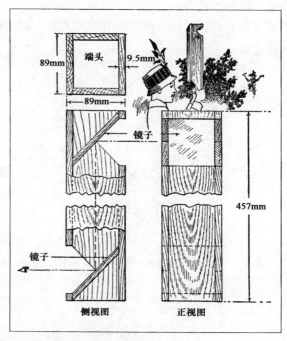

这个简单的潜望镜非常实用。

子，这样在看到东西的同时也不会将头暴露在下端开口以上。如果在战场上使用这个设备，通过借助镜子的反射作用，士兵在观察远处的情况时就不会将自己暴露在火力射击之下。

·风筝线上的手电筒发报机·

将一个袖珍的手电筒进行如下处理：如图，用细绳将一个铜弹片紧紧地绑在手电筒上。将两根铁丝缠绕在手电筒的两端，并在顶部拧出两个圆圈。将风筝线穿过圆圈压在弹片上。然后将电筒固定在靠近风筝的

位置。在正常情况下，拉扯风筝线不会让弹片闭合，但是猛的拉扯会让弹片接触到按钮，轻压按钮会让电筒发光。通过这个方法就能够用电报码传递信息。

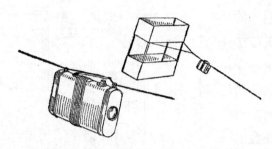

只要能够看到风筝线上的灯光，就能读出其中的信息。

· 便携锁 ·

旅行者常常会觉得一些旅店中简陋、破损的门锁相当不安全。为此，他们可以使用图中所示的这种可拆卸的锁，从而能够安心入睡，因为任何人如果想强制将门打开都会将房中的住客惊醒。将厚度为3毫米的钢板切割成图中所示的形状和大小，并将一端的两侧向上弯曲、弄尖。在钢板上切出几个槽子，并制作一个适合槽子的金属楔子。使用时，将锁一端的突出部分对着门框上的止挡条用力插进门框中。然后将门关闭，将楔子紧紧地插入到适合的槽中。

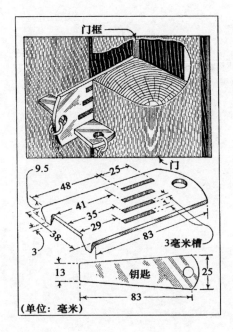

第二章
户外也疯狂

独木舟大冒险

· 浮筒让独木舟更稳定 ·

在独木舟中睡觉一直被认为等同于和死神约会，因为独木舟会因突然的重心变化而翻船。但是如果给你的独木舟装上浮筒，你就可以安然地在独木舟上睡觉或者站起来玩玩抓鱼，又或者来一次高难度的登陆。

首先要准备两块可拆卸的横板，它们要恰好能放置在船舷内侧之间。一块木板放在船中央的位置，另一块放置在前座的后方。这两块板的长度取决于其安装位置的宽度，并且与船舷顶部齐平，如图1、2所示。在相应位置安装角铁以支撑横板，横板可随时拆卸。导杆放在横板的正中心位置，用埋头螺丝从下方固定。参照图3，准备8块铁箍。每块横板安装4块铁箍，如图1、图2所示，靠外侧的铁箍直接安装在船舷上，在中间的两块铁箍的侧边上钻孔用以安放固定钉。

准备4根用直纹橡木做成的滑杆，长度比独木舟船舷外沿的宽度长152毫米。将滑杆打磨至可以无阻碍地随意在铁箍下滑动为止。在每根滑杆上间隔50至76毫米钻孔，这些孔要和中间铁箍上的孔匹配，这样就可以将滑杆固定在伸出或收回的状态了。滑杆的一端要切割成斜面以安装浮筒臂。切割并打磨好浮筒臂，浮筒臂的一端要切割成斜面以契合滑杆的斜切面，切面契合处安装铁角板，用埋头螺丝固定。这些铁角板必须是平展的，不能够影响滑杆在铁箍中的滑动。当滑杆和浮筒臂组装好后，它们外形会类似于曲棍球球棒。如图2所示，浮筒臂要和独木舟外壁平行。浮筒是气密性很好的气缸，由重量适当的镀锌金属制成，气缸的两端是圆锥形。如图4所示，用夹钳将浮筒与浮筒臂连接。在浮筒和浮筒臂末端之间的夹钳上钻一个孔用于安放合适的紧固螺栓，拧紧螺栓以支撑浮筒重量。

如图5所示，航行前的最后一件事是为独木舟加上帆布罩遮蔽。这张图还展示了浮筒伸出后独木舟的样子。准备一个轻质、有韧性的木条，长度要比船首和船尾之间的距离略长，木条两端各拧入一个带螺旋的挂钩。在独木舟首尾各拧入一个螺丝眼以连接木条两端的挂钩，详情参考图5中的放大部分。为了方便装载货物，将此木条从中间分为两截，切口两端打磨出51至76毫米长的圆形端头，取一小截水管，将两个圆头插入水管，这样就可以将两段木条连接起来。如图详示所示，用一个可折叠的支架支撑木条中部，支脚端做成凹形以搭在独木舟内部边沿上。用

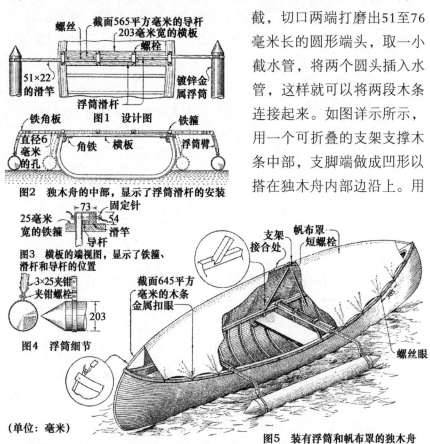

图1　设计图

图2　独木舟的中部，显示了浮筒滑杆的安装

图3　横板的端视图，显示了铁箍、滑杆和导杆的位置

图4　浮筒细节

（单位：毫米）

图5　装有浮筒和帆布罩的独木舟

为一艘普通的独木舟安装浮筒和帆布，驾着船可以站起来玩玩抓鱼，或进行高难度的登陆，还可以安全舒适地在船上睡觉。

轻质帆布做成遮蔽布，要与整个独木舟及独木舟外沿的扣子相适应，最后在帆布的边沿及船的外沿以适当间距安装扣眼与螺丝眼。

当划水行进时，可以将滑杆收回并用固定钉固定，这样浮筒就紧贴着独木舟的边沿，它们就不会阻碍前行。当需要使用浮筒时，仅需将两侧浮筒同时伸出所需距离，用固定钉固定即可。独木舟轻微的晃动会造成相应一侧的浮筒与水接触，这样就可以保证独木舟安全稳定。

· 为小船做个锚 ·

小船，特别是用作打渔或在湍急溪流上航行的船，需要安装锚。图示展示了制作锚的细节，这种锚制作简单、造价低廉。此锚约4.5斤重，适合5.5米及以下长度的轻型小船使用。

该锚的主要部分是一块254毫米长、38毫米厚的角铁。锚爪，即两边的部分，由51毫米宽、204毫米长的铁片弯曲成合适角度并用铆钉固定在角铁的两端。固定连接棒的部位是由铁片制作的，连接棒可以随意晃动。连接棒是用旧自行车曲柄制成，并在一端锻造一个铁环。它还可以由锻造成合适形状的铁棒配上一个铁环

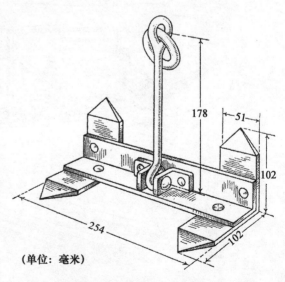

（单位：毫米）

这种自制船锚对于小船而言十分实用，其重量为4.5斤。

制成。在船上操作锚的一个合适的方法是将绳子穿过位于船首的滑轮并将一段固定在划船者座位附近的楔子上。需要注意的是，在小船上使用时，要配备足够长的绳子，使锚可以接触抛锚区域的水底，否则小船可能会翻掉。

· 独木舟的简易遮阳篷 ·

划船者都很清楚船上没有遮蔽太阳炙烤设施的苦处。图示中的遮阳篷就可以提供简易有效的防护。该遮阳篷由帆布遮阳布和4个可拆卸的直杆组成。遮阳布要根据船的具体长宽尺寸制作，这里无法提供具体的尺寸。直杆是用截面25毫米见方的材料制成，把直杆两头做成榫头，可

卯眼

榫

为独木舟安装一个整洁的顶篷会大大增加乘船的乐趣，这种顶篷可以在几分钟内安装或拆卸完毕。

以插入船舷和顶篷架子上直径6毫米的卯眼中。如果船主不想在船上打孔来支撑遮阳篷，可以使用其他各种可以购买到或轻松制作的插座。如图所示，遮阳布的两端都延伸出一部分，用绳子拴住遮阳布。直杆竖立起来后，将遮阳布铺在顶上，绳子的另一端绑在位置合适的螺孔上。在会突然起风的危险水域中，不应使用此类或其他种类的遮阳篷。

· 如何为独木舟安装动力 ·

只需要为一艘长宽适当、结构牢固的独木舟安装一个约2马力的轻型马达，就可以将其改为一艘轻型、耐用、便捷的动力艇。尽管改造后的船会因此变得不适合在浅水中航行，而且不能用于水陆联运，但是动力独木舟的优势在于可以进行更远的旅程且受天气影响更小。

结构松散或长度不足4.88米的独木舟一般无法承受发动机的震动，除非找到了十分轻质的马达。图中的独木舟长5.5米，船宽0.9米且船外延、甲板和支架都很牢固。如果船体更宽，可以使船在恶劣的水文环境下更稳定。如果需要运输较重的露营包或其他材料，就要尤其注意稳定这一因素了。同样，船吃水深度和运输设计也要考虑在内，因为船的运输能力和适航性部分取决于这些因素。安装机械及其他零件时要以使载重达到平衡为目标。如果安装合适，这些部分的重量会使独木舟的重心下降，从而使其更稳固。

在安装马达和其他部件之前，首先要认真规划并绘制一幅全尺寸的船尾图纸，以进行改造。在这一过程中再怎么用心也不为过，因为如果忽视该工作，船就可能变得不安全，或者马达及其他部件可能不能正常工作。马达应该安装在船尾，因为这样可以尽量缩短传动杆的长度及所需安装的配件数目。马达安装的具体位置可能会根据船或引擎类型的不同而改变。这需要通过将马达安置到船上并观察马达对船在水中平衡的影响进行测试。如果用图中所示大小的船和一个轻质马达，那么离船尾1.4米的距离是比较合适的。在给下方的飞轮和曲柄留下足够的空间的前提下，马达放置的位置应该尽量低些。

一个方便的操作方法是：将独木舟放在箱子或锯木架上，使其被平稳地支起，离开地面0.6米。直接从独木舟或需要安装马达的部位进行测量。拿出2张2.1米长、0.8米宽的纸，一张标注上"图解"，另一张标注上"样板"，用第一张绘制全尺寸的细节图，第二张绘制弯曲或不规则部件的样板。

如图3所示，绘制图解时，首先要画一条基线AB，这代表马达架的下表面，也是船骨的上表面。距离纸左边缘457毫米处画一条垂直于基线AB的线CD。C位于船尾部的中心轴上，是传动轴的终点。这里没有给出各部件的尺寸，因为这要视具体的船和改装使用的其他部件而定。在图上标注出船肋骨层E、板材F、龙骨G。拿出"样板"纸，切出一个弯曲的船尾的样板。方便并精确地完成此工作的方法是：将一个直尺贴合在船龙骨上，让其延伸到A点，将纸的长边放在直尺上，绘制出弯曲部分的样板。用样板作参照，在图解上绘制出弯曲部分，即HJ曲线。用同样的方法可以绘制出尾部甲板的曲线K。

确定马达安装位置距离船尾的距离后，在该位置画一条垂线L作为标记。从基线AB开始算起，标注电机轴中心距离底部的位置，标记为M点。电机轴要尽量低一些，这样就能给飞轮和曲柄留下充足的空间。从C点至M点画一条直线CM，代表传动轴的中心线。这条线对于决定某些部件的尺寸和位置具有关键作用，因此绘制它时需要特别小心。现在可以标注出马达架N的大小和准确位置了。图5中单独描绘出了其细节，但给出的尺寸仅供参考。为了将马达架稳固地放置在船底，可以对图进行修改，但要满足固定马达架的螺丝要穿过船肋这一要求。位于前端的固定轴十分重要，安装在船肋上时要十分小心。不要将马达架的上剖线和传动杆的中心线弄混淆，因为许多马达从前端看它们在一条水平面上，但是事实上却不是如此。马达架的倾角必须准确，因为如果与传动杆的中心线的角度有所偏差都会影响安装。

接下来要标注出传动杆枕木O，需要做一个样板用于确定在上面钻孔时钻头的方向，传动杆要穿过该孔。可以更改弧线HJ的样板，在上面合适位置绘制传动杆枕木。将枕木安装到位后开始钻孔的位置标注为点P，延长传动杆中心线至点P，这样可以用于指导钻孔的方向。如果使用自制的支架R，需要在图上标注出来。可以制作一个金属的支架，也可以在五金店里购买到合适的。如果选择后者，那么可能需要将船底垫平，制造出一个平面用于安放支架。

船舵及其他不直接和动力装置相连的部件可以在图上详细标注出来，或者绘制一个较小的草图。

等大的纸质样板可以方便绘制马达、船舵及其他不规则零件。当完成图纸后，可以直接用图纸得出尺寸而不需要测算数据。无论如何，要保证零部件和图纸一致。

可以使用橡树或其他硬质木材制作传动杆枕木、支架和马达架。最好是在安装传动杆和连接装置前完成马达架的制作。马达架是用38毫米厚的木料制作，用螺丝拼接好，固定在船上。螺丝两端需要用棉花和四氧化三铅包起来，当螺丝穿过船肋骨时需要小心操作。

在钻孔前需将传动杆枕木安装到位。如果有足够的空间在船尾拧紧螺母，螺丝就可以穿过枕木从内侧拧紧固定。可以使用大螺丝帮助紧固，小螺丝可以在内侧使用。下端的船舵支架也有助于固定枕木位置，图3中的铁皮S可以保证其牢固，这在改造中是相当重要的一点，因为如果枕木固定不牢，螺旋桨的冲击会很快使其变松。

图4中详细描绘了传动杆支架R。容纳传动杆的孔必须钻精确，建议

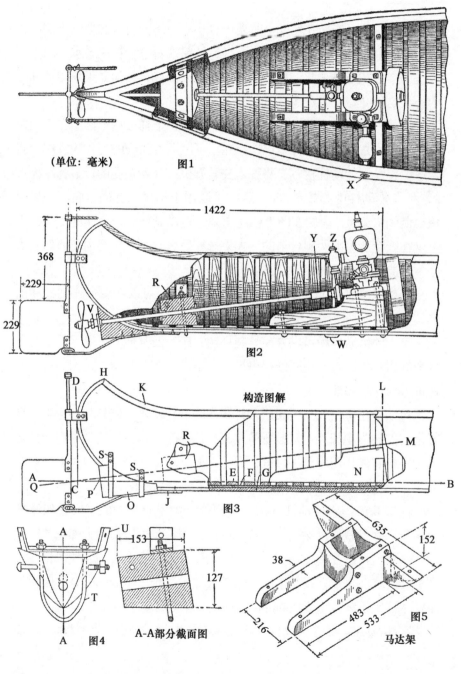

（单位：毫米）　　图1

图2

构造图解

图3

A-A部分截面图　　图4

图5

马达架

使用样板协助，在枕木上钻孔也使用这一方法。准备金属轴承以减少支架的磨损。固定支架的方法在图中进行了详细描绘，在船底打最少的孔情况下保证了牢固。T处是一个U形螺母，它将双角支架和传动杆支架牢牢地固定在船的龙骨上。双角支架的两个角用螺栓固定在船两侧，船尾一端的一个螺栓进一步起到固定作用。传动杆支架需要与船的弧度吻合，且有3根船肋共同支撑。

　　船舵是由金属片制成，连接在一根杆子或管子上。其大概尺寸如图2所示。船舵的扇叶靠铆钉固定在其支架上，安放在一个6.4毫米×25毫米的铁片上，铁片对螺旋桨起保护作用。船舵的上支架是由一条铁片制成，固定在船尾上。连接绳子的上导杆是用铁皮切割制成的。

　　螺旋桨直径203毫米，但也可根据所使用的马达的动力、速度及型号调整其大小。图2中的填充箱V、传动杆支架R、进气过滤器W、传动杆耦合器Y、图1中的尾气排放口X都是成品，可以在相应的商店买到。

　　进气过滤器W安放在底端、气泵Z的正下方。尾气排放口X要安装在水位以上，而且需要安装消声器以减小尾气喷爆的噪音。可以将尾气引通到水下或接近船尾的某处。油箱、输油管、电瓶和线路安装的位置都没明确标出。油箱可以放在船尾，高度要达到使油料流动供给顺畅。可以使用磁发电机为打火提供电流，也可以使用电瓶，它们可放在任一合适的位置并用防水容器装好。

　　在组装各部分时一定要注意不要扭弯传动杆或损坏其他部件。一般而言，最好先将不可调整的部件安装牢固，例如马达架和传动杆枕木。

为1艘长5.5米、船体结实的独木舟安装1台2马力的轻质马达会增加船的航程和实用性。图示中的结构简单，有一定机械技巧且细心的人就可以完成。图1是船舵的俯视图，图中显示马达安装在马达架上，传动杆支架在船尾位置。图2是一个部分剖视图，图中显示了马达、马达架、传动杆、传动杆支架、传动杆枕木和螺旋桨之间的联系。图3是建造图解，文章中进行了详细的描述。图4是传动杆支架放大后的细节图。图5显示了马达架的尺寸和固定螺孔的位置。

传动杆支架可以通过垫高或削减底部进行垂直调节。船舵及其组件可正常组装，但是需要在动力部件安装到位后再进行安装。为了保护螺旋桨，可以将其放置一旁，待需要时安装。船身所有用于安装螺丝及其他固定装置的孔洞都需要用四氧化三铅或其他防水材料进行包裹。活动部件及抛光的金属表面都需要在安装时涂抹油料，未抛光的金属表面需涂上四氧化三铅①。这可以起到防水及润滑的作用。

_____

① 如今我们使用醇酸树脂或丙烯酸涂层。

· 如何编织一张吊床 ·

用绳子编织吊床有多种方法，打绳结的方法有以下几种：反手结（图1）、平结（图2）、所罗门结（图3）、三转结（图4），或者利用特制的针或梭子织成的网结（图5）。

使用前3种方法打结时，需要将绳子配对排列，并且绳子的长度要长于所编织吊床的长度以弥补在打结或编网眼中消耗的长度。反手结较大；所罗门结编织复杂，但是编出来后比较好看；平结较小，编织简单且不会滑脱；网结结实且只用一根绳子即可，因为网眼是用梭子或针编织的。

使用反手结、平结或所罗门结编织吊床时有一个好的方法：每对绳子的中间都缠绕在一个杆子上（如右图所示），从中间开始往两边编织，先编一边，再编另外一边。当用第一对绳子打结时，对应端

使用反手结、平结或所罗门结制作吊床时，需要把一对对绳索的中间部分系在木棒上。

也应当绕在不碍事的地方。尽管一次只打一个结，但是从一开始就要留足长度为吊床一半的绳子。每条绳子暂时不用的部分要缠绕在手掌上，形成一捆，系一个半结（如图7所示），悬挂起来。要预留足够的绳子以备在编织中织网，绳子要足够编织10个网眼。编织后要留下约914毫米的绳子。

使用前两种方法编织吊床需要24对、共48根绳子，每条长5.5米。中等硬度的24股渔网线可以在运动用品店买到，这是编织吊床的上好材料。将绳子按对缠绕在中间的杆子上，将杆子拴在墙上（如图8所示）。然后将网座（图9）放置在杆子左端第1对绳子A和B的中间（如图6、图8所示）。图9中所示的简单装置在编织前3种结时十分好用。不需对该装置做过多解释，通过图读者就会明白怎么使用它。可以看到网座的顶端有2种尺寸的圈，尺寸较小的圈仅供第1轮打结时使用。网座的高度要以编织者坐在椅子上编织时适合的

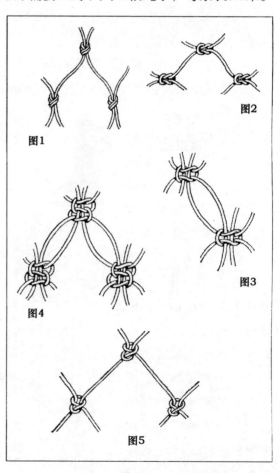

图1
图2
图3
图4
图5

反手结、平结、所罗门结、三转结和网结。

高度为准。在利用网座编织时，一只脚踩在网座底板上。

右手持右侧的绳子B，将其放置到左侧绳子A的上方并由左手握住（如图8所示）。将左侧绳子A向上绕右侧绳子一圈，穿在右侧绳子下方（如图10所示）。这样形成了一个活结，为了形成一个不会松动的死结，需要将绳子B再次压在绳A上（如图11所示），绳A再次绕一圈穿到绳B下面（如图11中虚线所示）。这种结除了用在织吊床外还有其他广泛用途。图2中显示了这种结的样子。使劲将其拉紧，因为如果结没有打紧，那么它就失去了作用。

如果有些人喜欢简单的反手结，那么如上所述将网座放在第1对绳子中间，将绳A和绳B拉至前方（如图12所示）。如图中所示，打这个结时需要将两根绳子并拢形成一个大圈，再如虚线所示将绳子穿过。当右手拉绳使绳圈接近闭合时，左手的拇指和食指移至P点，将绳圈使劲顶在网座上。第1轮的网眼使用的是小圈。打成的结如图1所示。

按照自己喜欢的样式打好第1对绳子后，将第1个网眼从网座上取

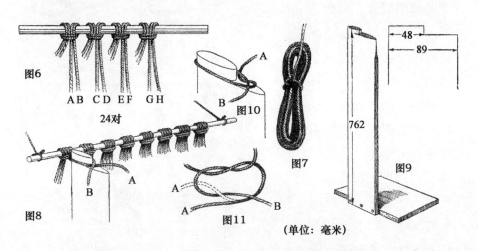

图6

AB CD EF GH

24对

图8

图10

图7

图11

图9

762

48
89

（单位：毫米）

网座的顶部有2种尺寸，较小尺寸是为了编织第1排的网眼，较大的是为了编织剩余的网眼。这个插图还显示了打结的方式。

下，将网座放置在下一对绳子C和D之间。将第2对绳子系好后，再将第3对绳子E、F打结，依次进行直至24对绳子都打成同样的结。最后一个结是第24对绳子，在此用Y和Z代表。在下一轮的打结中，不再将同一对绳子打结，而是将第24对中的绳Y和第23对中的绳X打在一起，第23对中的另一个绳子W和第22对中的绳V打成结，以此类推（图13）。

在第2轮的打结中，首先将网座放在绳Y和绳X之间，并将其打成结。但是这次不再使用网座上的小圈，而是使用大圈。绳Y和绳X打上结后，再将绳W和绳V打在一起。可以看到，此轮打在一起的两根绳并不是在同一对中。而第3轮结结的绳子则和第1轮中的一样。除了在第1轮中使用网座的小圈外，其他都使用大圈。交替按第1、2轮编织绳子，直至绳子还剩下762毫米为止。

将中间的杆子抽出来，插到第2轮的网眼中，将之前缠在杆子上的绳圈解开，开始在另一个方向打结。当两边的绳子都完成至剩余762毫米时，将中间的杆子取出，插入到最后一轮的网眼中。这时候需要用到另外一个简单工具——一个长762毫米、宽大于76毫米、厚25毫米的木板。将3根钉子斜钉到木板上（如图14所示），这样可以防止在

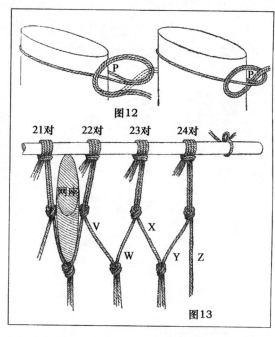

如何系反手结以及如何处理第1排网眼向第2排网眼的过渡。

编织过程中环和木棒脱落。吊床两端各需要一个38毫米大小的镀锌环。用绳子将圆环固定在一根钉子上，这样比直接将圆环挂在钉子上要好，因为这样能在将绳子穿过圆环打结时提供多一些的活动空间。杆子距离圆环的距离应该为610毫米。仍然和之前一样按对打结，一条绳子从下方穿过圆环，另一条绳子压在圆环上方，用平结将两根绳子系在一起。打完结后绳端仍然会有剩余，将其拉回来和整捆绳子放在一起，并用一个额外的绳子将整捆绳子和绳端多余的部分一并绑起来，拉紧后用平结系好（如图15所示）。缠绕部分长38毫米，将绳端扭转过来多余的部分剪掉。缠绕绳每绕整捆绳子一圈都要拉紧。缠绕结束时要用锥子或其他尖头工具将绳端穿过吊床背面的绳圈并拉紧，以防止吊床承受拉力时绳子松动。用同样的方法在另一侧安装上圆环后，吊床就制作完成了。

可以像球网一样把吊床侧边包起来，也可以根据喜好将一根绳子穿过最外侧网眼。通过为吊床修饰侧边，可以使吊床更加美观。

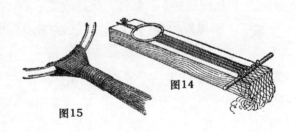

图14

图15

将圆环系在绳子的末端。

· 如何织出一张吊床 ·

一张好的吊床应当为3.6米长，其中2.4米为有网眼的部分，两端各有0.6米的绳连在圆环上。24股的渔网线是做吊床的最好材料，织一张吊床需要1.4斤重的线。一卷线重0.5斤，将其卷成球状，避免在使用前打结。另外需要两个直径64毫米的电镀圆环。

织吊床的工具包括一根木针或梭子、一块测量板、一块网眼模板，下面将详细描述这些工具。

梭子是由木头制成，长305毫米、宽32毫米、厚6毫米，最好用枫树或其他硬质木材制作，但是也可以用松树木料制作。图1展示了梭子的大致形状，一端尖、另一端呈叉子状。在开始切割木板前，要先绘制出尖的那一端。拿一个圆规，以木板右端的中点为圆心，38毫米为半径画出弧线AB，弧线和木板上下边的交点记为C、D。分别以C、D为圆心，以38毫米为半径画弧，与弧AB的交点记为E和F。分别以E、F为圆心，半径不变画弧，这时就可以绘制出梭子尖端的弧度了。将圆心放置在梭子外（根据图1，E、F两点在梭子外）是为了使尖端的弧度更长一些。也可以不借助圆规徒手画弧线，但是效果不如这种方法好。

梭子上的线段GH被分为5等份、每份6.4毫米。开孔J和K的中心距离尖端89毫米，开孔长70毫米。如虚线所示，在开孔的右侧钻一个半径6毫米大小的孔，挨着这个孔在其左侧钻3个同样大小的孔。用弓锯沿线锯开，并用小刀、锉刀和砂纸进行修整，将边缘打磨好（如图1所示）。最好将L处的弧打磨成斜面，这样梭子用起来将更顺手。叉子那端要深19毫米，每个叉尖宽6毫米。将尖端及所有的边角打磨平滑。

图2中的测量板是用来制作吊床两侧的长网孔的，它长910毫米、宽102毫米、

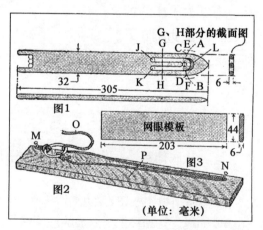

所需的工具包括：1个梭子、1块测量板、1块网眼模板。

厚25毫米。在距右侧25毫米、顶端51毫米的位置钉一枚钉子（图中的M）。钉子略向顶端倾斜，超过板子约25毫米，另一枚钉子先不钉。

图3中的网眼模板是用枫木制成，长203毫米、宽44毫米、厚6毫米。用砂纸将边角打磨平滑。

如果使用细线和精细的梭子，那么用梭子编织的过程叫做纺织，可以制作出独特精巧的设计。如果使用粗糙点的材料和大一些的梭子，就可以制作渔网、网球网及吊床。旧式的结网方法很难学，而且其中的技巧很容易被遗忘，现代对这种打结方式进行了改进，使之变得简单易学、容易制作。下面将描述如何制作改进后的绳结。

如图4所示，首先将绳子套在梭子的梭舌上，然后绕过梭叉，从另一面再次套住梭舌，再在往下绕过梭叉，依此往复，直到绕不下为止。一般而言梭子能承载20至35圈绳子。如果绳子绕得过满，那梭子穿过网眼时会遇到困难从而妨碍织网速度。

如图2所示，用短绳将镀锌圆环拴在测量板的钉子上。在距离圆环底边610毫米的地方钉一个钉子N。将梭子上绳子的一端系在圆环上，梭子向下绕过钉子N，然后向上从底侧穿过圆环，然后绳子的状态就像图2中所示的一样。圆环的一部分露在板侧边外，这

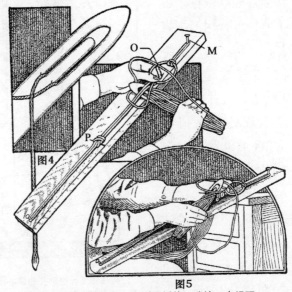

图5
首先将绳子缠在梭子上，在测量板的一端拴一个绳环。

样梭子穿讨它时就更方便了。将绳子拉紧,用拇指按住绳子顶部的O点(如图5所示),以防绳子松动,然后向左侧甩一个绳圈,绳圈在拇指和圆环上,将梭子从两条拉紧的绳子下穿过,然后将梭子拉起至拇指和两条绳子之间(如图5所示)。将拇指下压着的绳结拉紧,将长绳环从钉子N上取下,在P点处打成一个结,这个结是为了防止松散。按照第一个网眼的制作方法继续进行,直到完成30个长网眼为止。

这个步骤完成后,将连着圆环的短绳悬挂到一个挂钩或其他静止的物体上。悬挂的位置应该比接下来织网的水平面高一些。将梭子上的绳子系到最左侧的绳环上并从左向右依此进行,在此过程中不要将绳环的顺序打乱,要和电镀圆环上位置的顺序保持一致。

如图6所示,当将绳子系在第一个绳环上时,需要用到木板了。将绳子从下方绕木板一圈,将绳环拉紧,使其下方能够压在木板上方位置,用拇指将其按住防止松动;将梭子向上拉起穿过第2个绳环,并将其拉至木板处,将拇指从第1个位置移向第2个位置,将绳子向左甩出一绳环放在拇指上,并将梭子绕过第2个绳环(如图7所示),让梭子从第2个绳环的两根绳子下

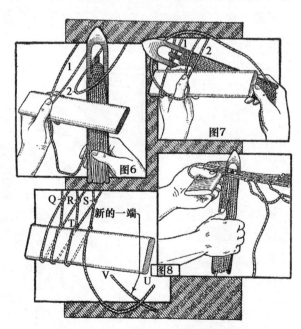

当完成长网眼并将圆环固定好后就可以使用网眼模板编网了。

方和甩出的绳环之间穿过，不要移动拇指，将绳结拉紧，这就做好了第一个网结。依此方法再将绳子绕木板一圈，穿过第3个绳环，甩出一个环，将梭子绕第3个绳环一圈打一个结并拉紧。注意不要将绳环拉至木板以下，因为一旦织了一个不规则的网眼，将对后面的操作带来不便。

　　按照上述方法继续进行，直到所有的绳环都用过一遍，这时绳子应当在最右侧。将刚才织好的部分翻转，这样梭子到了左侧，又可以开始了。将所有的网眼从木板上取下，对将网眼从木板上取下的时间没有特别要求，只需在编织下一排网眼之前就行。由于镀锌圆环是通过绳子绑在固定位置的，所以很容易将织好的部分翻转。记住要先向右翻转再向左翻转，交替进行，如果一直向一个方向翻转，短绳就会拧在一起。

　　每排绳网的第1个网眼和其他的网眼编织方法略有不同，参照图8或许可以更好地理解这一问题。绳结Q、R、S是上一轮的绳结。将绳子拉下来压在木板上并绕木板一圈，从第1个绳环中穿过，这时向下拉绳环时可能拉不到木板中央，这时候需要从侧面施加一个拉力，将绳结Q、R拉到一起，这时候就可以打出绳结T了。从第2个绳圈往后则不需要如此操作。

　　继续编织直到绳网达到2.4米长为止。如果梭子上的绳子用完了，那么重新向梭子上缠线，并在用完的绳子的末端打上一个不会松动的结就行了。如果你知道如何打一个织布结，那是最好的，否则你可以按图9所示打一个简单的方结。这个结的打法十分简单，但是也需要留意，避免绳结散开。如图8所示，我们用U来代表即将用完的绳子，用V代表

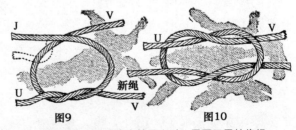

图9　图10

当再次将绳子缠绕在梭子上时，需要用平结将绳子连接起来。

新绳子。将绳V放在绳U的下方，用绳U绕绳V一圈（如图9所示），让它们在绳U上方的某点再次交叉，让绳U再次绕绳V一圈（如虚线所示）并拉紧。如果操作正确，那么将会形成如图10中一样的两个相似的、连在一起的绳圈，拉紧后形成一个结。

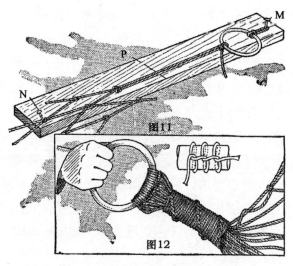

图11

图12

在即将完成的一端要再次使用测量板编织长绳环，之后将其绑在圆环上。

完成2.4米长的网后，再像开头那样制作长绳环。这时仍需使用测量板，但是需要在绳环两端都打结。在这时，不方便在长绳环中间打结，可以在系长绳环时，将第二根绳在前一根绳上缠绕2到3次。绳环和网连接方法如图11所示，将最后一个网眼套在钉子N上，当绳子从电镀圆环处拉下来时，再穿过这个网眼。当向上拉绳子时，这个网眼的另一端会顶在钉子上。经过如此操作，第1个长绳环已经固定在圆环上了。将第1个网眼取下，对下一个网眼进行同样操作。除非在开始时将钉子N向下移，否则当这一端所有的长绳环都完成后，它们会比另一侧的短76毫米，当然这也是可以接受的。

用一个1.8米长的绳子，从靠近圆环的位置开始，将所有的长绳环紧紧地绑在一起（如图12所示）。

现在就可以享用你亲手制作的吊床了。有些人还喜欢在吊床外侧的网眼中穿一根绳子，另外一些人喜欢给它缝制一个边框，使其更加美观。

· 夏令营的跳水台 ·

在夏令营的湖边享受水上游戏及运动时，可以通过建造图中所示的跳台来增加乐趣。

跳台的大部分是用51毫米厚、102毫米宽的木板制成。边角处倾斜的木板较长，达到了3.7米。跳台底端面积是0.7平方米，顶端的平台面积为0.3平方米。顶部的扶手是安装在后侧直板的延伸部分上。在跳台的中部的横板上安装一个跳板，可以通过梯子爬到上面。在岸上建造好跳台，然后将其拖到需要使用的位置。在底部的木杆上放置一箱石头使其保持平稳。

石头

每个夏天，男孩们都会在夏令营时建造一个跳水台，由于台子不宜移动，所以当撤营时他们会将跳水台留在那里。跳水台用102毫米宽、51毫米厚的木板搭建，底部放置一箱石头以使其保持稳定。

· 哨音浮漂 ·

一个玩具火车轮、一个空罐子和几根金属丝，就可以制作一个图中的哨音浮漂。哨音会提醒钓鱼者鱼儿正试图携鱼饵潜逃。将玩具火车轮嵌到罐子的底部；将金属丝绕成一圈，固定到罐子的顶部和底部。如图所示，将做好的浮漂和鱼线绑在一起，罐子的开口朝下浸入水面。钓鱼者需要将鱼竿固定好，这样哨子就可以保持这个姿势，而钓鱼者就可以在附近的阴凉处休息了。当鱼儿试图携鱼饵潜逃时，水会将罐子里的空气通过哨子挤压出去，这样就会发出哨音了。

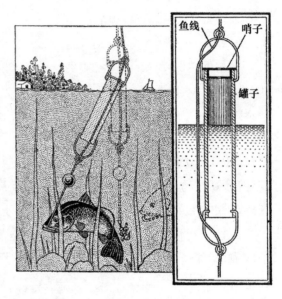

当鱼咬钩后，水突然进入罐子将空气压出去吹响哨子提醒钓鱼者。

· 刮鳞器 ·

人们制作出各种各样去鱼鳞的装置，有的简单，有的复杂。一位渔民在露营时制作了下面的一种刮鳞器，它简单且十分好用。他将一些瓶盖钉在一块长102毫米、宽76毫米的木板上，做成了一个刮鳞器。这种工具不管是在家还是外出露营都十分好用。它造价低廉又十分实用，右图显示了它大概的样子。

瓶盖

76mm×102mm的木板

将瓶盖钉在木板上可以去鱼鳞。

·下雨警报器·

这是一个提醒装置。当你开着窗户在家睡觉时，此设备可以提醒你外面下雨了，这样你就可以关上窗户。这是一个非常有趣的电子装置，如图所示，在室外的墙上安装一个漏斗，两段电线连接在漏斗低端的口上，这两段电线通过窗框进入房间内连接上一个电铃和一节干电池。当水滴进入漏斗流到低端时

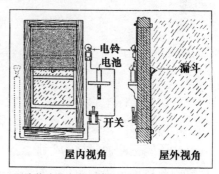

电铃
电池

漏斗

开关

屋内视角　　屋外视角

雨滴将连通安装电铃的电路，提醒下雨了。

会落到电线末端，水滴作为导体使电路连通，电铃发出声音。室内的开关可以切断电路，让电铃停止发声。

· 用咖啡罐和扫帚棍制作爆米花机 ·

用一个空咖啡罐或类似的锡制罐子和一根760至910毫米长的扫帚棍就可以制作一个简易爆米花机，它在许多方面甚至优于电动的爆米花机。取一截比罐子高度略

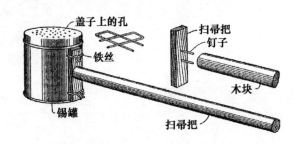

用咖啡罐或类似的锡罐加上1根扫帚棍就可以制成1个简易爆米花机。

短的木条，将其钉在棍子的一端，然后用铁丝将它固定到罐子侧面（如图所示）。在罐子顶部钻一些小孔，这样制作爆米花时空气能流通。

· 制作树叶标本 ·

制作树叶标本的一般办法是用熨斗蘸上蜂蜡后压在树叶上。这里介绍一种更好的方法：在叶子的背面涂上亚麻油，立刻对其进行熨烫，然后对叶子的正面做同样的处理。这样处理过的叶子显得更有光彩，而且更好地保持了叶子的柔韧。没有必要事先压干树叶，当然如果你想这样做也不会有问题。还有一种方法可以较好保持叶子的色泽：仅在叶子的正面涂上油，然后不再使用熨斗，而是将叶子放入报纸中，压上重物待其变干。

下雪天

· 制作雪鞋 ·

雪鞋的形状

我们将雪鞋的发明归功于北美印第安人的创造性思维，而促使人们构想此物的原因和许多其他发明一样——生活需要。雪鞋最初的样式制作粗糙，后来逐渐对鞋框模型和内部填网样式进行改进，如今的雪鞋的功能得到了提高，样式也更加漂亮。最初的雪鞋是由美洲的土著人制作的，后来缅因州和加拿大的部落不断对其进行改进，形成了如今美观实用的样子。

冬季地面和小道上覆盖了厚厚的一层雪，对于喜欢在冬天的户外享受乐趣的运动爱好者或需要设置陷阱的猎人来说，雪鞋是必备装备。但是雪鞋并不仅限于在野外行走时使用，深林、荒原在冬季的魅力吸引了许多户外运动爱好者以雪鞋为基础发起了一种激动人心的运动。在城市中、在市郊外，越来越多的人喜欢穿起雪鞋，踏雪而行。

虽然现代的雪鞋边框形状、大小相差很大，皮料的填充网织法也各式各样，但是制作所依据的基本原则大致一样。边框通常由桦木制成，以达到质量轻、韧性强的目的。边框的形状多样。后图所示的是典型的多用途雪鞋，也被称为标准雪鞋。边框依靠中间的两个木质横杆保持形状，横杆要榫接入边框中。这2根横杆间相距381毫米或者406毫米，它们将雪鞋分为3部分——鞋尖、鞋掌和鞋跟。鞋框中间是由皮子编成的网，边角的拉绳是用细皮绳做的，通过木框上的2排孔固定。中间的网是用生牛皮材料的粗绳编成的，网孔也较大，因为这一部分需要承受身体的重量，要做到耐磨。鞋尖和鞋跟处的网是由细牛皮绳编成，网眼也相对较小。

通过右图可以发现，雪鞋中间有个开口，这个口被称作"趾头孔"。由于对雪鞋压力最大的部位是脚掌，因此在相应的位置穿了1根"趾头绳"，增加了雪鞋的结实程度。在趾头孔的两侧系"趾头绳"的支索，支索的一端系在横杆上，另一端系在"趾头绳"上。"趾头绳"是由几根粗牛皮绳拧在一起做成的。而支索是用数根细牛皮绳做的。

把脚固定在鞋上的方法也很重要，要做到防止鞋脱落并保证在行走时脚能保持在舒服的位置。这需要用1根皮绳将前脚掌绑在雪鞋上，然后再准备另外1根皮绳从前端绕后脚跟一圈绑住，这样就能在抬起雪鞋时提供足够的拉力。这样穿雪鞋的人就可以摇摇摆摆地走路了，摇摆行进是穿雪鞋的一个特征。

雪鞋的样式有许多。一种样式可能在一个地方很受欢迎，但是另一个地方的人可能更喜欢另外一种完全不同的样式。右图展示了最常见的样式，本文还会简单地描述每种样式的特点。每种样式都有一

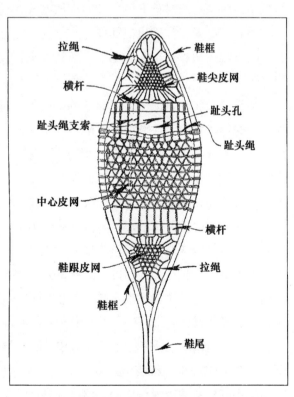

拉绳　鞋框　横杆　鞋尖皮网　趾头绳支索　趾头孔　趾头绳　中心皮网　横杆　鞋跟皮网　拉绳　鞋框　鞋尾

图中显示了雪鞋的一般结构：横杆、皮网以及其他组成部分的名称。

定的优点：一种适合在空旷地区快速前进，一种更适合在丛林使用，一种适合在山区进行爬行等等。

样式A两侧前窄后长。这种样式是为在平坦地区和松软的雪面上快速行进而设计的。它多被印第安人克里族部落所使用。该雪鞋通常长1524毫米、宽305毫米，鞋尖明显向上翘起。此种雪鞋适合在平坦地面使用，在崎岖的

雪鞋专家认为这是一种极端的样式，因为它两侧前窄后长。

A

地形下很难驾驭，而且在冰面上行走时容易滑倒。由于其夸张的边框设计，需要在翘起的鞋尖部分进行加固。这种样式比传统的样式更难以驾驭。它的边框很硬，穿起来更消耗体力，如果在山地使用肯定会行动不便，因为弯曲的鞋尖让爬山变得更难。

样式B是普通的东部样式，是一种通用型雪鞋。它的边框长1067毫米，宽305毫米，鞋尖微向上翘，上翘部分约51毫米。缅因州地区的印第安人最初制作这种雪鞋时习惯将鞋跟设计得较重。这样的鞋跟有利于快速行走，但是增加了快速转弯的难度。

样式C很受新英格兰州的猎人欢迎。这种样式适合该地区的地形，因为圆形饱满的鞋头更贴近地面，鞋跟的吃雪深度也比窄头鞋深一些。这种样式穿着舒适，但是速度比不上长窄型雪鞋，它的形状更适合在森

林中使用。这种雪鞋鞋尖翘起部分一般只有25到38毫米长。

样式D被称作"熊掌"，始于东北部的猎人。这种样式适合在树丛中小步行进。它的鞋头是平的，因此适合爬山。短胖的鞋型使人可以在厚厚的树丛中行走时小步前进，而且更适合转身，但是穿这种鞋直行的速度很慢。

购买一双雪鞋时，要考虑好以下几点。鞋

这种雪鞋被认为是东部的一般样式，合适多种地形使用。

的大小和样式因人而异，一个高大魁梧的人需要较大的雪鞋，而瘦小的人则需穿较小的鞋。瘦小的人穿和其身材相称的鞋可以快速行走且费力较小，而高大的人则要选择大号的雪鞋使用。对于积雪普遍较深的地区，大一些的雪鞋是最好的选择。但是对于雪堆较多、冰面较多或山地的地形，小一些的雪鞋更实用而且更耐穿。对于雪面较湿的地区，雪鞋中间的皮网的网眼要大一些；而对于松软干燥的雪面，小一些的网眼将是明智的选择。

雪鞋的种类有很多，一些知名的运动用品公司制作的通常质量较好。建议购买价格稍高一些的，确保买到结实牢靠的手工制品。便宜的雪鞋的网料通常是用鱼线和最便宜皮料制作的，雪鞋边框容易弯曲变形，劣质的网料稍微使用就会松弛。最好的雪鞋是由美洲印第安人制作

图中显示的样式是一种通用雪鞋，是猎人最喜欢的样式。

的，网料通常是用纯牛皮制作——中间的网料由母牛皮制作，鞋尖和鞋跟的网眼由小牛皮编成。优质的雪鞋穿起来很舒服，为了保证舒适度最好定做雪鞋，这样你就可以在制作时加入一些自己的想法，比如鞋尖平一些，鞋跟轻一些，或者选一种与商店中出售雪鞋不一样的皮网样式。

如果仅购买一双雪鞋，那么样式B是最好的选择。可以在定做时选择稍平的鞋尖，鞋尖弯曲处不要超过25毫米。鞋框可能是由一块木条制

"熊掌"样式的雪鞋是由东北部猎人发明的，适合在树丛行走。

成，也有可能是2块，这要根据鞋的大小和工匠的设计而定，但是最好在定做时指明用白桦木制作鞋框。定制鞋子时，一些工匠也会用到螺丝或其他金属用于固定，这没什么问题。但是一些便宜货在鞋尾处用螺丝固定，这样会使鞋尾变脆弱，使用强度稍大，鞋尾的木头就可能裂开。和低价劣质的雪鞋不同，印第安人使用的材料是树龄稍大的结实木料，横杆通过榫卯紧密地连接在鞋框上，网料也编得很紧密。鞋尾部用生牛皮绳绑好。但是，印第安工匠做的鞋头通常较小，鞋跟较重。一些猎人和运动爱好者喜欢这种样式，但是大多数用户更喜欢通用型饱满鞋头、轻鞋跟的设计。印第安工匠设计的雪鞋鞋头和鞋跟吃雪深度差不多，这样就增加了在松软雪面行走的难度，但是更适合在复杂雪面条件下使用。

当在商店购买雪鞋时，要注意购买鞋框精致坚固的。如果想购买通用型雪鞋，最好选择一个较沉、编织牢固的皮网。鞋尖和鞋跟处的皮网最好是细牛皮，小网眼。避免购买用鱼线编网的雪鞋。一些工厂批量生产的雪鞋表面涂了一层清漆，这虽然能让它们防水，但是在穿过冰面时更滑。大多数的工匠倾向于保持鞋框和皮网的天然状态。

印第安人制作的雪鞋鞋头处的孔一般较大，这样可以使用宽大的鞋绊。机器制作的产品通常忽视了这一点，而且鞋尖处的皮网制作粗糙，使用时磨脚引起脚部疼痛。这些细节可能在短程使用中不一定会造成不便，但是如果要穿过森林长途跋涉就必须考虑这些细节问题了。

印第安人固定雪鞋的方法是用一条皮带将雪鞋绑在脚上，这是一个不错的办法。如果皮带调整得松紧合适，那么动一动脚踝就可以将雪鞋快速地取下来。还有一种更好的固定方法：用一条宽19毫米的皮带和一条长皮绳固定。用皮带固定住脚面，将皮带两边反复穿过鞋底皮网的网眼，一直延伸到鞋框上，这样皮带就十分牢固了，不需要打结固定。将一条约1.2米的窄皮绳对折，将其放在脚跟上方，两端穿至趾头孔两侧支索的外侧，一端从脚面穿过，一端从脚底穿过，然后再穿回脚跟处打上结。小牛皮是不错材料，如果没有皮绳，也可以用帆布条代替。

如今一般的雪鞋固定方式为在脚趾位置安装U形皮质鞋头、鞋面，脚跟用带子固定。这样的雪鞋相比用绳子固定更加舒适。雪鞋调整合脚后，只要将脚跟的带子推下去，脚尖从鞋头移出，就可以轻松脱下雪鞋，反之就可以轻松地穿上雪鞋。

穿雪鞋时穿着笨重的皮鞋当然不舒服。正确的方法是穿一双高统鹿皮靴，靴子要宽松，这样你可以穿上1双或多双羊毛袜。德国人的长筒袜是至今为止最适合寒冷天气穿着的。这种袜子套在裤筒上延伸至靠近膝盖的位置。这样穿着可以在寒冷天气下为脚保暖，而且可以保证脚趾自由活动。穿皮鞋保温效果差，而且不灵活，脚跟和脚底与雪鞋的摩擦会加快皮网的磨损。

制作雪鞋

雪鞋的制作是一门艺术，很少工匠能够在编织复杂的皮网样式上与印第安人媲美。通常是制作出坚固的鞋框，然后雇印第安人在里面填充皮网。榉木是制作边框的最好木材，但是如果找不到榉木也可以用山核桃木和白桦木替代。如果运动爱好者希望自己制作鞋框，那么最好使用白桦木。在任意一个木材商那都可以购买到合适的木料，那么接下来就该从木板中锯出鞋框了。锯出来的木料比劈开的要差一些，但是如果选料较好，对于日常使用不会有影响。

如果使用干燥的木材，可以按照合适的尺寸制作鞋框；如果使用新砍伐的木材，那么应当将鞋框制作得厚实一些，以抵消风干过程中的损耗。一个结实的雪鞋框的木料宽度应该为27毫米、鞋尖处厚11毫米、鞋跟处厚14毫米。鞋框要比预计完成时的长度长51毫米。当切割时要记住木料的中心将作为鞋头，末端作为鞋跟，鞋子的重心位于鞋跟和鞋头的正中间。

将切割下来的木料弯曲成型需要弯木器。制作弯木器首先需要在纸上画出模型，沿线条剪出，然后将模型图放置在木板上，按设计在木板上施工。制作过程中

在一块木板上标出雪鞋的样式，用木板固定雪鞋框定形。

需要用到一些木制夹板。将夹板按设计在木板上钉住，固定好，接下来就可以将蒸过的木料弯曲成型了。

为了使边框木料变软方便成型，必须先将木框蒸一下。蒸的方法如下：用锅将水煮开，把木框放在锅上方，浸润在蒸汽中，翻转木框直到木纤维变得柔韧。用沸水处理10-15分钟后，用布将木框包起来，反复前后振动，让其变得更加容易弯曲，然后重复沸水处理过程和振动过程，直到木框变得足够柔韧，可以在不断裂的情况下轻易弯曲。鞋尖处是弯曲弧度最大的，因此需要在弯曲前彻底软化，否则木框可能从这个位置断裂。当对木框进行软化处理后，趁热将其放置到弯木器上，借助夹板缓慢将其弯成所需弧度。从鞋头开始，用夹板固定住这一端，然后弯曲一侧，之后再弯曲另外一侧，使其成型。弯曲后的鞋框要在弯木器上风干至少一周。如果在木框未完全风干定型前将其取下，那么它将不会保持其形状。可以用一个弯木器制作两个鞋框，但是如果急着做好鞋子，那么就需要做两个弯木器，尽量使两个弯木器一模一样。

当鞋框风干后，在距离鞋尾102毫米处钻3个孔，用生牛皮系住固定鞋尾。接下来可以安装横杆了，将这两个横杆安装到合适的位置才能使雪鞋平稳。在切割榫卯之前，将两个横杆放置在鞋框上，间距381毫米，用手支撑鞋框，找到其重心。当鞋框达到平衡后，调整两个横杆，使鞋跟比鞋头重0.2斤，在需要切割榫卯的地方做上标记。可以使用一个锋利的小凿子完成榫卯。卯眼没必要做得很深，6毫米就足够保持榫卯的稳固了。

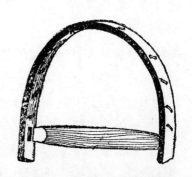

通过确定鞋框重心来确定横杆的位置，之后将横杆两端装在榫眼中。

接下来要安装拉绳——鞋头和鞋跟的皮网要编织到拉绳上才能固定。在鞋头和鞋跟处对称地打上一些小孔，用一条生牛皮绳穿过这些孔。然后在横杆上钻3个孔——距离鞋框38毫米处各1个，横杆中心1个。之后将拉绳穿过横杆上的孔。

在开始编织鞋头部分的鞋网前，要在皮绳的一端打上一个眼，将此端穿过拉绳环，然后用皮绳另一端穿过这个眼，这样就形成了一个活结。从横杆和鞋框榫接的一个角开始编织，将皮绳拉到上面，绕着鞋头中间的拉绳缠几圈，然后拉下来再绕着另一个角的拉绳环缠几圈，接下来将皮绳穿过下一个拉

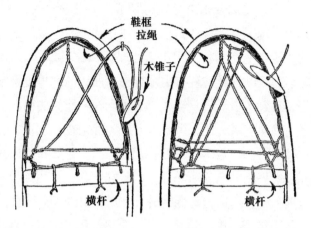

从横杆和鞋框连接处的一个角开始织鞋尖处的网眼，用构建三角形的方法完成网眼编织。

制作无限拼接皮绳的方法是：在皮绳端切割出1个小孔，将需要拼接的2根绳子相互穿过对方绳上的孔。

绳环（从横杆和鞋框榫接的这个角处起第2个）然后打上一个图示中的绳结，将皮绳拉回开始的那一侧，绕第2个拉绳环打一个同样的结。将其绕第1条编好的绳一圈后，穿过横杆上的下一个拉绳，然后将皮绳拉到上面，缠绕在鞋头处的拉绳环上，按照此方法继续，直到鞋头部分所有的拉绳都被使用，这时鞋头部分已经布满皮网了。该过程很难用文字表述清楚，但是插图可以显示出正确的方法。插图还显示了如何利用眼式拼接制作无线长的皮绳，并显示了在编织过程中将皮绳拉紧的木质锥

子。这个锥子是利用一块长51毫米、厚6毫米的小木片制作的。鞋跟处编织皮网的方法和鞋头处一样，在此就不再赘述。

中间部分的皮网必须织得牢固耐用，所以要使用较粗一些的皮绳。先编织趾头绳，为了使其足够结实，需要将皮绳横穿鞋框五六次，然后打上1个半钩结（如图所示）。再将皮绳拉到上方，绕横杆1圈，形成第一条趾头绳牵索。

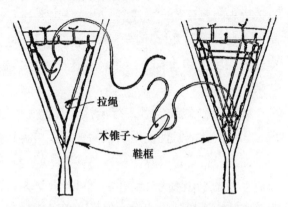

鞋跟处的网眼要编织在拉绳上，方法和鞋尖处相似。

由图中可以看出，中间部分编织和缠绕皮绳的方式和鞋头部分基本相似，不同的是皮绳是缠绕在鞋框上然后系上一个酒瓶结（如图所示），而非穿过拉绳。需要留下一个102

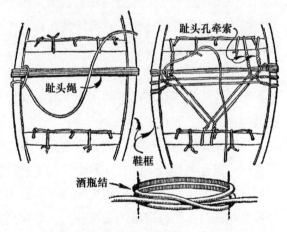

中间的网必须结实耐用，因此需要使用较粗的皮绳。

毫米宽的趾头孔，当编好趾头孔这部分后，就不需要将皮绳缠绕在横杆上了，而可以编织在趾头绳上。完成编织后，绳子位于趾头绳处，绳子需要在当前的位置反复编织加固几次，然后绕趾头孔处的横杆一圈，缠绕在趾头绳牵索上，再通过缠绕趾头绳到趾头孔的另外一边，将皮绳缠绕在这边的牵索上，然后绕在鞋框上，打一个酒瓶结完成编织。

初读这部分，你无疑会觉得很难，但是如果你细心研究插图，就会很快弄明白是如何完成的。事实上制作过程十分简单。这件事就是做起来容易，说起来难。编织皮网的过程是经过特意简化的，大多数雪鞋皮网的编织过程也都差不多，就连印第安人复杂的设计也是万变不离其宗。

如果雪鞋穿戴合适，行走抬脚时趾头可以穿过趾头孔自由活动，那么你很快就能掌握使用雪鞋的技巧。抬脚时鞋并不是真正地被抬到空中，而是当行走抬脚时，后方雪鞋靠中间的一侧将从前方雪鞋靠中间的一侧上滑过。开始的时候初学者可能会认为雪鞋有些笨重，并怀疑自己穿着雪鞋穿过树丛的能力。但是随着对雪鞋的使用技巧越来越熟悉，他就可以随意穿行想去的地方而不会有太多困难。在广阔的区域行走时，最好沿途在树木上做标记。这样即使雪覆盖了初次行走的路径，你也可以原路返回。当穿雪鞋行走留下路径后，路径上的雪被压实、有了一定的支撑力。即使下大雪覆盖了道路，树干和灌木丛上的记号也能告诉你路在哪。这样就不用在前往同一方向时每次就开辟新的路径，节省了旅途时间也节省了体力。

一双制作精良的雪鞋在高强度使用下可以穿好几年，如果使用强度不大还可以延长1至2年的使用寿命。为了使其保持正常形状，需要在使用后将雪鞋晾干，但是不要将雪鞋放在靠近火炉的位置，不然皮网就会受损。跳跃对于雪鞋鞋框的伤害很大，如果是在松软的雪面上跳跃则可能不会带来损伤，但是最好避免这样的损耗。意外肯定会偶尔发生，例如皮绳会突然断裂，因此最好随身携带一二条皮绳以防万一。

· 雪球发射器 ·

用雪构建的堡垒只有步兵把守是不够的，还得有炮兵助阵。在堡垒中安放一架迫击炮或加农炮向敌方阵地发射雪球会让一场雪仗更加逼真。任何小朋友都可以制作一个装置来作为迫击炮或加农炮，在雪地堡垒中放置几个这种装置可以增加雪仗的趣味性。

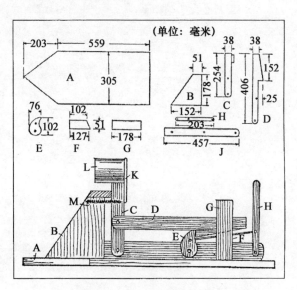

各部件的尺寸和完成后的整体图。

这个装置叫做雪球发射器。支柱B固定在底座A上，用作臂杆C的止挡。臂杆C由木杆D控制。木杆D有斜面的一端卡住扳机E，木板D连接在立着的木块F上，以避免在激发时木杆D被弹出去。

所有活动的部件都安装在木板J上，扳机E绑在手柄H上，H固定在木板J上。臂杆C的上端固定有一块木板K，K上固定着一个锡罐L用于放置将被射出的雪球。门弹簧M提供将雪球射出去的动力。图示中给出了所有部件的尺寸，如果按该尺寸切割木块，这些木块就能拼在一起成为图中的雪球发射器。

使用雪球发射器为一个雪地堡垒增加火力。

· 用雪建造一座灯塔 ·

这段文字描述的是如何用雪建造一座灯塔，当在灯塔中放入蜡烛后，它肯定会吸引邻居的眼球。

制作灯塔，首先需要滚3个不同大小的雪球，叠放起来，最大的放在最下面作为基座，最小的放在最上面作为灯室。将连接处的雪拍实，将整个灯塔做成上宽下窄的斜圆柱形。灯塔高1.52米，底端直径0.91米，顶端直径0.5米。挖出一个灯室，并在四周做4个窗户，装上玻璃。在灯室中央放置一个蜡烛。为了让蜡烛燃烧，需要在顶端开一个口通到灯室，在窗户下方的某点开另一孔，为蜡烛燃烧提供空气。当蜡烛点燃时，空气通过这些开口进入灯室，让蜡烛可以持续燃烧。

· 制作简易雪橇 ·

　　自己动手制作一个雪橇吧！没有必要购买雪橇，因为你自制的雪橇可能比购买来的更好，而且每当你想到这个雪橇是出自自己之手，自豪感就会油然而生。可以手工制作的雪橇种类太多了，想制作哪种完全取决于你。你可以按照商场出售的雪橇样式制作一个雪橇，在滑板底面安装几个铁环，这种雪橇是通用型。另外一种适合滑行的雪橇是由2块木桶板和3块木板制成的（如图1所示）。其他雪橇在滑行方面很少能与其媲美，而且这种雪橇还可以用来运输雪来建筑雪房。该雪橇的制作方法十分简单，不需要描述，一张图片就可以说明了。你还可以通过在滑板上安装一个椅子来制作一个椅式雪橇，如果在滑板上增加两块横板，将椅子固定在横板上，那会使雪橇更牢固。为了制作椅式雪橇（图2），需要在横板上钉上4个L形木块，每个木块对应一条椅子腿。你可以一边滑冰，一边推着这个雪橇，让你的妈妈、姐姐或女朋友坐在上面，带着她们一起出去享受冬季的乐趣。

图1　木桶板制作的雪橇。

图2　雪橇椅。

折叠椅雪橇

折叠椅雪橇比上面描述的雪橇更方便、更有乐趣。如果结冰的池塘距离家较远，你可以将这个雪橇夹在胳膊下面，带到你喜欢的地方。

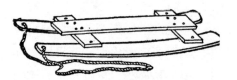

图3　折叠椅雪橇底部。

图3、4显示了组装前所有部件的样子。座椅可以用一块帆布或地毯制作，连接部件是用皮料制作的。图5显示了折叠椅雪橇拼装后的样子。滑板可以根据需要绑在折叠椅上或是取下。当座椅部分被提起时，支撑杆从侧边的凹槽中滑出，落在滑板上，椅子就可以折叠起来了（图6），这样小朋友都可以携带。用普通的铰链和轻质木材就可以制作出一个像样的折叠椅，这个折叠椅还可以在夏天放在草坪上供乘凉使用。

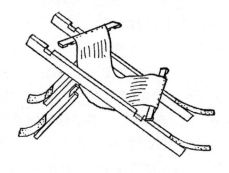

图4　折叠椅雪橇上面的椅子。

平底雪橇

当雪十分深时，平底雪橇特别适合户外滑行。普通雪橇的滑板会陷入厚厚的积雪中，使其无法前进，影响游玩的乐趣。平底雪橇的滑板是光滑的大板子，可以轻松在柔软的雪面上滑行。

图5　展开的折叠椅雪橇。

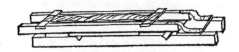

图6　收起的折叠椅雪橇。

在制作平底雪橇时，首先取2块3.05米长、0.3米宽的木板，木板要薄、并易于弯曲。将2块木板并排放好，并用横杆将其连接起来，用螺丝从底部将木板固定到横杆上，注意螺丝头要在木头里，不要露出表面。底面要保证平滑。将2个侧杆固定在横杆的上方，用螺丝拧紧。有时候也可以用绳子将木板固定起来，在板子底部切割出凹槽，这样可以让绳子不暴露出来，以

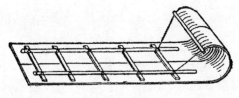

图7 平底雪橇。

免被磨断。侧杆被固定牢后，将木板的一端弯过来，绑在最前面的横杆上（如图7所示）。使木板保持弯曲的绳子必须十分结实，如果用铁丝或者细钢丝棒会更好。

挪威式滑雪板

可以用2块木桶板制作滑雪板：选择2块直纹木板，将每块的顶端削尖，并切出凹槽（如图8所示），这一步可以使用小折刀或小凿子完成。在这一端涂上油，将其放置在靠近火的位置直到可以将其弯曲，形成翘起的板头为止（如图8所示），然后用绳子绑着木板，让其保持弯曲，直到木板定形，自身能维持弧度再解开。在每个木板上用螺丝固定1块木块，其宽度和高度要刚好可以放在鞋跟前方；在木块前方固定一条带子，脚趾要穿过该带子。这样一对滑雪板就制作完成了。鞋跟内侧要紧紧地顶住木块，脚趾要在带子下绑牢，这样滑雪板才能贴合在脚上。找一个木棍用来控制方向，再寻找一个雪坡。开始的时候滑雪带给旁边观看者的欢乐可能比

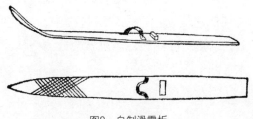

图8 自制滑雪板。

你自己享受的快乐要多，因为滑板总是向相反方向滑动或顺时针滑动，很难驾驭。但是经过练习后，你很快会掌握其使用方法。

· 制作雪砖 ·

堡垒、爱斯基摩人圆顶小屋和其他建筑都可以使用雪砖建造得相当精致。将雪在一个矩形木质模具中压实，这样就可以制作出一块457毫米长、203毫米宽、203毫米厚，和标准混凝土砖等大的雪砖。也可以通过

在使用雪制作砖头修建堡垒时，使用木质模具制作雪砖，雪砖之间涂上一层湿雪，当其冻住后，堡垒就会变得浑然一体。

调整模具来制作出其他尺寸或形状的雪砖。将模具装满雪后按在一个水平地面上，用力按实，使其中的雪和模具口平齐。当雪被按压结实后，将模具移去，然后将雪砖放在一边，直到制作的雪砖足够建筑一座堡垒或其他建筑为止。在建筑过程中，砖块间依靠湿雪（快融化的雪）连接，当湿雪冻住后，建筑就会成为一体。涂抹湿雪的泥刀可以用木瓦或木板制作。

· 四座雪橇 ·

连座雪橇的结构通常都差不多，只是依照建造者的喜好对一般样式做一些小的调整。本文描述的雪橇有一些独特的设计，这些特点让它成为一驾豪华雪橇，制造者对其作品应十分自豪。所需的材料清单已经在文章末尾列出来了。除了滑板部分需要使用桦木，雪橇的其他部分对木材没有要求。

滑板形状要一致，这就要先切割出一块滑板，然后依此为模型来制作其他滑板。当切至合适形状后，在下边缘切出一个6毫米深的凹槽用于包边，包边的材料是直径16毫米的铁棒。塑造铁棒形状，让其贴合在滑板的凹槽中，铁棒两端延伸部分要高过滑板首尾端的高度。延伸部分需要被砸扁，这样才可以在上面钻2个孔，两端各用1个螺丝固定。如果制作者没有合适的工具将两端弄平，可以花钱请当地的铁匠来做。铁棒调整到位后固定好位置。

在滑板的上端切割出安放横板的凹槽，这样横板的上表面就可以和滑板的上边缘齐平。这些横板的位置不是很重要，只要靠近滑板的两端就行，需要注意的是在左右2个滑板上切割的凹槽应该对称。切割出凹槽后，将横板安放进去，用细长的木钉将它们固定在一起。在内侧使用小的金属支架固定在滑板和横板上，以加固连接部位。

由于滑行时雪橇后部会上下震动，因此需要想办法应对，并同时防止侧向转动。为此就需要在制造过程中使用铰链连接。取一块127毫米宽、51毫米厚的木板，在宽度方向上切割出一个斜面，使其一侧仍为51毫米厚，而另外一侧十分薄，这就做成了一块楔形木板。在其斜面上安装3个大铰链，然后将这块木板固定在后部滑板的上边缘。该木板的中心要距离后部滑板前端203毫米。

雪橇前部滑板的支撑横板也固定在滑板的上边缘，其中心距离前部滑板前端279毫米。

　　将顶板两端打磨圆并将其表面打磨光滑。在顶板的下表面安装2块横板。1块横板的中心距离雪橇尾端305毫米，另外1块横板的中心距离雪橇头部203毫米，用螺丝固定好。在接近横板两端的位置上各打1个孔，用来安装吊环螺栓。孔的深度和板宽度相等，直径6毫米。在顶板中间安装一个支板。2根绳索的两端连接在吊环螺栓上，中间架在支板上。之后将吊环螺栓上紧，使绳索紧压在支板上，这样可以防止支板松动。

　　在顶板的上表面，从尾端开始，每隔457毫米安装一个靠背。安装靠背前要做一些准备工作：将靠背木板上端的两个角打磨圆，将木板的下端切割出一个小的角度，这样靠背就会略向后倾斜。然后将这些靠背用铰链固定在顶板上。在顶板两边钻一些直径25毫米、深25毫米的孔，用于安装放脚的横杆。横杆间间隔457毫米，第一个横杆安装在距离雪

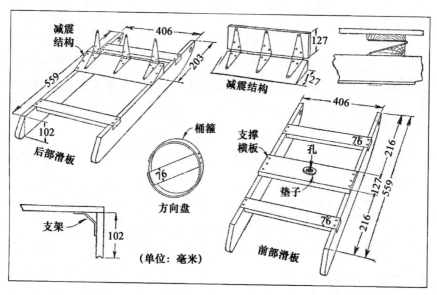

此细节图显示了雪橇尾部减震结构、滑行装置、支架和方向盘的制作方法。

橇头端127毫米的位置。横杆通过切割木钉制成，每个横杆长100毫米。

　　制作操纵装置需要一根长457毫米的扫帚把，其一端固定在前部滑行装置127毫米宽的支撑横板的中心。在顶板前部下表面的横板中心也钻一个孔，并将顶板钻穿，用于安装操纵装置。在孔中安放两个金属垫圈后，将扫帚把穿过这个孔，然后在顶板的孔上固定一个硬木圈，这样金属垫圈就不会脱落了。将用桶箍制作成的方向盘固定在扫帚把的顶端：用一块木头沿桶箍直径固定在桶箍上，用软管包在桶箍上，并用线绳将其缠起来；在木头的中心钻一个孔用于连接扫帚把，用螺丝固定好。

　　尾部滑行装置通过铰链，用螺丝固定在顶板后部下表面的横板上。在所有滑板的前端打孔，并用链子或绳子连接起来。后端滑行装置上的绳子或链子要绑在顶板的下方，前部滑行装置上的绳子或链子用来拉动雪橇。

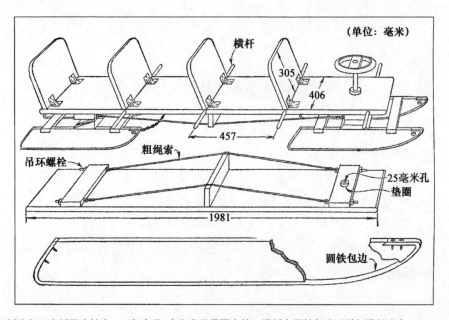

顶板底部用木板固定结实，顶部安装4个靠背显得更高档。滑板有圆铁包边以增加滑行速度。

材料：

1块顶板：1981毫米长、406毫米宽，32毫米厚

4块滑板：559毫米长、102毫米宽、25毫米厚

4块横板：406毫米长、76毫米宽、25毫米厚

2块木板：406毫米长、76毫米宽、25毫米厚

2块木板：406毫米长、127毫米宽、51毫米厚

1块支板：406毫米长、76毫米宽、25毫米厚

4个靠背：305毫米长、406毫米宽、25毫米厚

1个木钉：900毫米长、直径25毫米

4个铁棒：762毫米长、直径16毫米

4个吊环螺丝：152毫米长、直径6毫米

3个铰链：127毫米

8个铰链：76毫米

· 为平底雪橇制作方向舵 ·

用脚在雪橇后方拖拽来控制雪橇方向有一定的乐趣，但是有时这种方法会带来一定危险，并会加快操控者鞋子和衣服的磨损速度。图中显示的装备可以代替用脚控制方向，并且使操控者能精准地控制雪橇。制作这种方向舵需要一条宽25毫米、厚6毫米的铁片，一端弯曲成舵的样子，中间扭转使其可以平着固定在雪橇尾部的楔子上（如图所示），用螺丝将另一端固定在一个把手上。舵不能弯曲得入雪太深，否则将加快舵的磨损或破坏滑道。

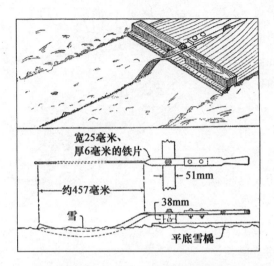

为雪橇安装舵可以防止因用脚控制雪橇造成的鞋和衣服的磨损。

· 如何制作单轨雪橇 ·

单轨雪橇只有一排滑板，构造十分简单。它的滑板是用25毫米厚的厚木板切割成的，其大小和形状如图所示。用25毫米宽、6毫米厚的铁片包在滑板底。不要使用圆铁或半圆铁，因为这些可能会引起侧滑。铁片的方形、锋利的边缘会像冰刀一样抓紧雪面。

顶部的板子长1.83米、厚25毫米，和2块滑板牢固地连接起来，其连接方法如下：用螺丝或钉子将木块固定在尾部滑板上端的一侧，然后用螺丝将顶板和木块固定在一起。如图所示用铁片包着滑板。用同样的方式制作前部滑板，不同的是在前部滑板中间只使用一对木块，用一块薄木片固定在其上侧用于连接方向柱。

安装方向柱的孔应该距离雪橇头端152毫米，其直径要比方向柱略大。方向柱穿过孔的部分应该为圆的，而上端应为方形以安装方向杆，方向杆必须安装牢固。

在滑行中，滑行者平趴在顶板上，双手握住方向杆。这种滑行方式重心很低，不需要安装旁边的稳定滑板。这种雪橇与普通雪橇相比能带来更多的快乐，滑雪者能够体会到轻松自由的感觉以及单轨雪橇独特的刺激。控制方

搭乘单轨雪橇能体会到滑行的欢乐和无与伦比的自由感觉。

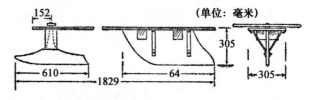

（单位：毫米）

单轨雪橇构造比双板雪橇简单许多。

向也十分简单，不需要用脚拖在后面，只轻轻地转动前端滑雪板并相应调整身子就可以改变方向并控制平衡。这种技巧需要通过反复练习，这个道理会骑自行车的人都知道。

· 助推式雪橇 ·

在瑞典，一项十分热门的冬季运动就是使用助推式雪橇滑雪，这项运动已经传到了美国，图中描绘的就是这种运动。这种轻型雪橇装有2块长滑板，靠脚蹬推动。使用雪橇的人一只脚站在雪橇的滑板上，另一只脚向

后蹬推动雪橇。在滑板上安装一个直立的扶手用于支撑身体平衡。这种雪橇可以在冻住的硬路面、薄冰面或积雪地面使用。在合适的情况下，这种雪橇的滑行速度也很快。与跑步式雪橇和滑雪板相比它有一个好处，因为两块滑板是固定的不会分开。

助推式雪橇

· 双板多人雪橇 ·

　　这种雪橇重心较低而且比较宽，因此不容易侧翻。滑板是用直纹桦木做成的，每个板长3.05米、宽152毫米、厚25毫米。在将制作成弧度的位置上从滑板上表面刨下6毫米厚度，但是顶端位置的木板不要刨掉，这样可以让滑雪板更容易弯曲。如果蒸板子的方法不太好使，可以直接将滑板放到沸水中，确保至少457毫米长的木板被水淹没。给装水的器皿盖上盖子，这样蒸汽就不容易跑出来。用沸水煮上至少1个小时后，按照下面草图中描绘的方法使木板弯曲：当滑板从水中取出后，尽快将其并排放置在弯木器中，缓慢均匀用力，将其压弯。在木板另一端压上重物，等待8至10小时让木板风干。在木板变弯后将这一头削尖。

　　如果让滑板底部拥有微微的曲线，那么雪橇滑行起来就更容易了。为了制作这个曲线，需要使中间的支撑木块高152毫米，而两端的支撑木块高140毫米。用直径6毫米的平头螺栓将滑板、支撑木块和横杆固定起来，螺栓要埋头。顶板是3块152毫米宽的木板，固定在横板上。如果给滑板尖包上51毫米宽的铁皮就更好了。

· 摩托雪橇 ·

大多数的摩托车拥有者在开始下雪后就将摩托车放置在一旁，冬季的几个月中就不再使用了。但是照片显示了一名发烧友制作了一架雪橇并使用摩托车的动力驱动，在冰冻的地面滑行。

将摩托车的前轮和车把拆掉，然后把摩托车直立支在雪橇架上，作为雪橇的一部分。将摩托车前部固定在雪橇架上，后轮的位置在2块板子之间，这样可以防止轮胎侧面和雪橇架摩擦。后轮可以使用一条旧轮胎，给轮胎装上防滑链以增加轮胎和地面的摩擦力。前滑动装置安装在雪橇前端的中央，通过方向盘控制前滑动装置从而可以控制雪橇的方向。

不必在冬季将你的摩托车收起来，可以用这种方式使用它，让它驱动一驾雪橇。将摩托车前轮和车把去掉，用木架将其支起来保持直立。

水上运动

· 如何制作水上自行车 ·

孩子们可以利用他人眼中的废弃品制作出很多好玩的东西，水上自行车就是其中的一种。水上自行车是一项很好的运动。制作水上自行车的主要材料是油桶。不能够使用面粉桶，因为面粉桶不够结实，而且气密性也不好。你可以到当地的杂货铺以很低的价格购买到油桶，甚至你帮他们送几趟货就可以免费拥有油桶。制作水上自行车最少需要2个油桶，但是建议使用3个。图1显示了如何根据自行车车轮情况安排油桶位置。

找来1个旧自行车架，为其安装木板：车尾的木板宽910毫米，车头的木板宽610毫米。使用楔子固定木板（如图中阴影部分K）。浮筒的构造如图2所示。尾部安装2个浮筒，前部安装1个，在木桶盖和木桶底中央钻孔，用1根木轴将尾部2个浮筒穿在一起，用另外1根木轴穿过前部的浮筒，用两根木棍将前后两轴连接起来（如图2所示）。

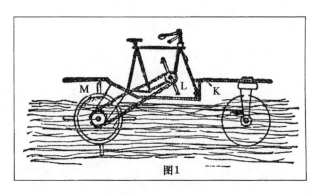

完成后的水上自行车。

接下来要将自行车架和浮筒连接在一起。从图1，我们可以看到车链从齿轮L上斜向下穿过车架的空隙处，与安装在浮筒轴上的齿轮连接，这样就形成了动力。在尾部的浮筒上安装滑水板（如图中M处所示），每个浮筒上安装4块滑水板，用钉子或楔子固定在浮筒周围（如图1所示）。

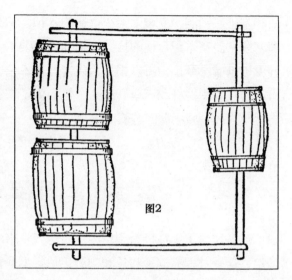

图2

水上自行车的浮筒。

现在新制成的水上自行车准备好进行首次航行了。坐在自行车座位上，脚踩在脚踏板上，就像你在街上骑自行车一样蹬动脚踏板。控制方向时仅用向左或向右倾斜，这样车子会向身体倾斜的方向倾，然后整个车子都会向倾斜的方向转。最初时行进速度很慢，但是随着你逐渐熟悉水上自行车的操作，力量逐渐累积，行驶速度会越来越快。这项运动基本上没有危险，因为气密性好的桶不可能沉。

另外一种安装浮筒的方法是在尾部安装一个大的，在头部安装一个小的（如图3所示）。这两个浮筒也是普通的空油桶。在木桶

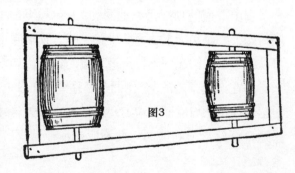

图3

另一种浮筒。

盖和木桶底钻洞，安装上大小合适的木轴，钻孔处用亚麻、油灰或泥巴填塞紧密。在木架合适的位置上钻孔以容纳木轴两端，在连接处涂油这样就可以减小摩擦。可以根据个人喜好在木架上安装一块木板或竹筏。可以通过利用桅杆和床单升起一个帆，为了增加乐趣，甚至可以将水上自行车建成一艘小型的游艇。

· 水上平底滑车 ·

沿斜坡滑下，被投射到空中然后落入夏季清爽的湖水或其他户外水域中，这一过程充满了欢乐和刺激，适合那些喜欢寻找水上刺激的人。图中显示了一个倾斜的滑道和在上面行驶的平底滑车，这是由一群年轻人在夏令营时修建的。图中的滑道可能比大多数男孩能够修建的要长，但是我们可以建造一个仅有其四分之一长的滑道，长度不超过6.1米。图中的滑道使用102毫米宽、51毫米厚的木材制作框架，152毫米宽、51毫米厚的木板制作滑道，305毫米宽、51毫米厚的木板制作滑道支板。如果修建较小的滑道，那么可以使用相对轻质的材料制作滑道和支板，但是制作框架的木材至少要51毫米宽、51毫米厚。

图中滑道的顶端距离地面约2.1米，但是由于沙滩延伸至水边也是倾斜的，所以实际上坡面要更陡一些。顶端固定在一棵树上，通过梯子可以爬上去。树起到支撑滑道顶端的作用。如果没有这种天然支撑，那么必须在滑道顶端的3个侧面都建造坚固的支撑以保证安全。不建议为了达到一定的坡度而把滑道建得过高，因为这样会导致意外事故。要选择适合修建滑道的地面，而不应把滑道建立在容易受损或发生危险的地方。

滑道贴近水面的一端需要略微上扬，这样当滑车离开滑道进入水面前，乘坐者能够保持身体向上。当进入水面时乘坐者应该握紧滑车，因为在入水时如果松手可能会导致受伤。如果经验丰富，也可以在滑车离开滑道时做一个跳水的动作。

图的下部分显示了建造滑道的细节。框架部分需要102毫米宽、51毫米厚的材料，框架要略宽于滑道，支柱要一直延伸至地面以保持稳固。支柱A和横杆B之间要用钉子或螺栓固定，如果使用轻质点的木材，那么需要在支柱上固定一对横杆B，即支柱两侧各固定一个横杆。滑道C和D需要用较顺滑的木材制作，滑道和支板E的边角都需要磨圆、去除一些小的突起。滑道的连接处需要认真制作并且用框架支柱支撑。在连接处下端还需要用木片进行加固。

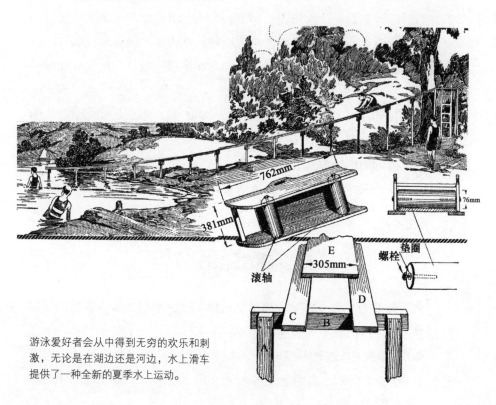

游泳爱好者会从中得到无穷的欢乐和刺激，无论是在湖边还是河边，水上滑车提供了一种全新的夏季水上运动。

支板E宽305毫米、厚51毫米，如果滑道较小，可以使用相对轻质的木材制作。支板间的连接处也需要认真制作，以确保能够平稳顺畅地从上面滑行。应当将这些连接处直接安装在框架支柱上，但是注意不要和滑道的连接处安放在同一个支柱上。制作支板的木板不应延伸至滑道的尽头，而应该向内缩457毫米左右，这样滑车就能顺畅地离开滑道，而不是直接从支板上跃入空气中。可以用钉子固定支板，但是必须注意钉子头不要高于支板平面。使用螺丝或螺栓固定是更好的建造方法，在木板上钻孔让螺丝或螺栓能够埋头。

图中显示了滑车的制作细节。它要能够骑在305毫米宽的支板上。侧板使用32毫米厚的木板制作，其高度要足够安装滑轴。滑轴的直径为76毫米。滑车的尺寸为顶面长762毫米、宽381毫米，这个尺寸仅供参考，要根据使用的木材而定。使用优质橡树木或其他硬质木材制作，否则滑车不能承受滑动所带来的磨损。顶端和尾端的板子要用埋头螺丝固定牢固。

滑轴需要用螺丝固定在滑车两侧的木板上，或者用和滑轴等长的螺栓穿过滑轴固定。不管用哪种方法，都需要在两侧板子钻孔的地方固定滑轴。滑轴两侧需要安装垫圈并涂上油脂。滑车的所有边角都要打磨圆，以减少因碰到木刺或撞到边角而受伤的可能。

· 制作双体筏 ·

如果你希望拥有一个结构简单、造价低廉的小船，那么使用二三根圆木按照图中的方式组装就能制作一艘小木筏。

使用2根长约3.7米的圆木当做木筏的边框，并用长铁钉或木钉在边框上固定2个横木，将两边连接起来。用一块从正中劈开的圆木做座椅，在两边的圆木上插入2根叉状的树枝当做桨架。如果找不到船桨，可以将木板切割成船桨形状使用。

用圆木制作的实用小船，可以用来替代普通的小船。

冰上运动

建造船体

我们经常可以看到一些做工粗糙的冰上划艇，但如果大家能更好地了解冰上快艇的设计和制造，那人们就可造出很多真正的冰上快艇，这些冰上快艇的拥有者和他的朋友们则能享受到冰上快艇带来的持久快乐。这篇文章的目的，就是为了给大家提供相关的信息。文章中描述的快艇不是很大，在一个面积合适的池塘或者小湖泊上依然可以使用，但是快艇的尺寸和速度足以参加激动人心的比赛。只要严格按照下文中的说明建造，文章中描述的快艇绝对安全而且易于操作。

建造快艇使用的材料很大程度上都是现成的。在购买木材时，应该尽量买最干燥的那种，而且木材质量越好，建成的快艇也越漂亮。如果严格按照本教程来建造快艇，即使你技术一般，但只要你会使用木工工具，你也能在花费适当资金的情况下，造出一艘一流的冰上快艇。

灰胡桃树、雪松、椴树是制作快艇龙骨的最佳木材，柏木也可以将就。因为云杉木容易"弯曲"，所以绝对不可以使用这种木材。要找到一根够长的木材来做龙骨可不容易，可以用两根木材拼接起来作为龙骨，但木材拼接区域的长度不可短于2.4米，如果可能的话尽可能的长一些。拼接切口应该是一刀切割，十分平整，不能有任何刻痕，因为刻痕会影响木材硬度。连接处要使用优质胶水，并使用直径6毫米的螺栓固定牢固，螺栓须从底部向上钉牢，螺栓头下要垫着垫圈。连接后的龙骨长7.7米、宽203毫米、厚102毫米。不管沿龙骨的长还是宽看过去，龙骨的底面都应该是平直的。但船首斜桁的顶部呈曲锥状，这部分从船首桅杆开始到肩部——也就是前桅支索穿过吊环螺栓孔的地方，这一段要厚102毫米。从距滑板支板尾部610毫米处至船尾肩部这一段也要呈曲锥状，这一段要厚152毫米。船首斜桁的4个角都要磨圆，驾驶座安装好后，龙骨后部直至船尾要稍微磨圆。船首斜桁的顶端也要磨圆127毫米以连接牵索和斜桅支索，船尾磨圆102毫米。为了确保有一个精准的舵柱孔，从顶部开始先钻一半，再从底部钻穿。使用木工刮刀和砂纸将整个龙骨都要打磨光滑，这一过程会耗费一些功夫。之后使用烧开的油浸泡龙骨。凡是木制的部件都要用油浸泡，因为一旦涂的漆被磨损掉，这些油可以防止掉漆的部位变黑。

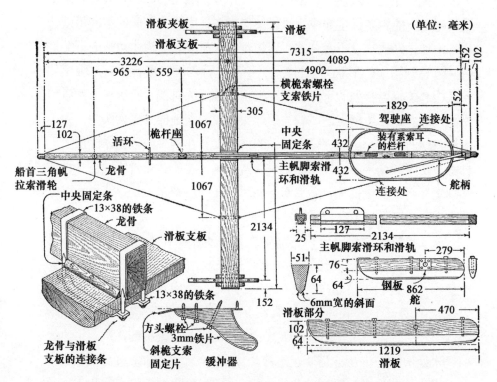

龙骨、滑板支板、滑板的细节图。注意滑板边缘的弧度和驾驶座连接处的位置。

　　驾驶座是整艘快艇唯一一个真正难以建造的部位。驾驶座的边框要用樱桃木和橡木建造，这些木材经过蒸汽蒸后弯曲成有两个连接处的框（如图所示）。橡木做的边框宽102毫米，厚25毫米，将其打磨光滑后制成图中所示形状并拼接好，之后将其安装到位，要确保龙骨刚好位于边框中间。安装时要在驾驶座边框的底部做上记号，记号要和龙骨边缘大小相符，然后在边框上挖出一个深6毫米的槽，其宽度要和龙骨一样宽。龙骨刚好可嵌入边框上挖的槽，然后驾驶座边框首尾两端各用2个大螺丝将其牢牢钉在龙骨上。将厚铁条弯曲成L形，用螺丝钉把一头钉在龙骨上，另一头钉在驾驶座边框内部，驾驶座两端各固定一个L形厚铁条。

　　驾驶座底板可以使用一整块6毫米厚的白木制成，或者间距6毫米安装25毫米宽的木条拼接而成。建议使用木条，因为木条间的空间可以让雪和水通过，这样就不会结冰。用螺丝将底板安装在橡木边框的下端，将其修整到图中的形状并通过3条平铁片进行加固。樱桃木遮风板延伸到底板和边框连接处的下方，并在橡木拼接处的对侧进行拼接，然后用螺丝彻底固定在边框上。所有的螺丝头都要深深地嵌入到木头中，并用木块将螺丝孔堵上。使用橡木制作的扶手安装在苹果木或枫木的扶手支杆上。使用25毫米厚的橡木制作一块木板，其宽度和龙骨相同，木板前端固定在驾驶座边框上，后端向上翘起搭在一块橡木上。这块木板可以用作安全栏杆，其上安装系索耳。

　　白胡桃木、美国五叶松木、椴木和橡木是制作滑板支板的合适材料，柏树木也是不错的选择。如果使用橡木，那么制作的滑板支板要比使用其他较软木材制作的薄6毫米。原始板材应该长4.9米、宽305毫米、厚102毫米，其底面要和龙骨底面一样弄得十分平整。用铅笔在中心做记号，从这一点开始进行所有的测量。在滑板支板的两端距下边缘64毫米处做标记。从标记处开始劈开1条又长又薄的木条直至顶端的中心，当木板制作完成后画一条线来标记弧度。4个滑板的夹板和支架是

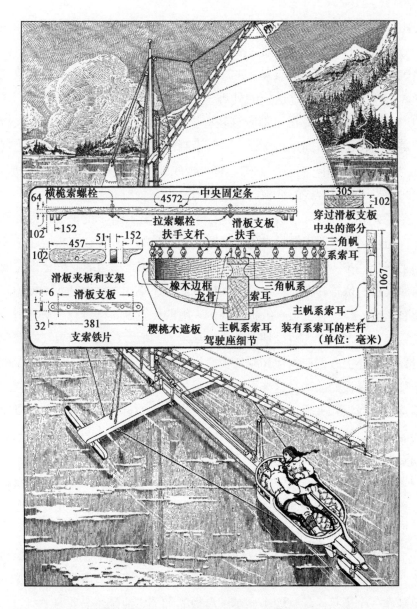

图中显示了通用的冰上快艇的一般结构，如果按文中的方法建造，制作出来的快艇的速度虽不适合比赛，但是容易操控且安全性高。

使用51毫米厚的优质橡木或枫木按对制作的。标记出在右舷内侧（向船头方向看的右手一侧）夹板的位置。将夹板楔入滑板支板6毫米深后，精确地将其磨成方形并安装上4个承重螺栓，这样可以防止滑板扭曲变形。4个夹板都要经过这样的处理，因为这些地方承受着相当大的拉力。所有的螺丝和螺母下都应该装有垫圈。1对支架通过大螺丝和夹板固定在一起，然后固定在支板上。假设制作好滑板了，在一个滑板上标记"S"，它是用在右舷一侧的。将滑板放到位并在夹板和滑板之间放1块25毫米厚、拼合成的纸板。将外侧的夹板安装到位后将固定滑板的螺栓穿过夹板、纸板和滑板，用手指拧紧螺帽。这样外侧的夹板被螺栓固定，而且它的位置给滑板自由运转留下了足够的空间。在支板尾端中央刻上一个"A"和滑板的尾端保持一致，表示这是后边缘。标记出左舷内侧夹板的位置，在此拧上一个螺栓，这时还不用将夹板打入木板中。像右舷侧一样，将滑板、纸板和外侧夹板的位置固定好。找一块和滑板支板等长的木板，在边缘切出一段51毫米的凹痕，将凹痕放置在右舷侧滑板的尾部上方，在木板和左舷侧滑板接触的位置做记号，再将这个板子移动到滑板的前端，这样可以检查滑板边缘是否平行。重复此动作并调整左侧滑板和夹板，直到滑板边缘完全平行为止。平行的精准程度比其他因素更能决定快艇滑行的质量。之后将螺栓上紧，并将剩下的夹板和支架安装牢固，移除掉木板条。按图切割并磨圆滑板支板的边角。斜着切割掉滑板支板的下边缘，使其看起来是一个弧形。用螺丝在滑板支板中央固定几条横截面为四分之一圆的硬质木板，这样龙骨就会一直架在滑板支板的中心了。

　　优质生铁是制作冰上快艇滑板的滑脚的唯一材料。因此要按照所需要的滑脚的大小和形状制作一个木模具，用此来铸造滑脚，并为船舵也制作一个模具。尽管图中显示了滑板的细节，但是还需要对滑脚进行描述。为了让划艇达到最大速度，必须保证滑脚的滑行边沿是由两个平面成直角夹成的边缘。这两个平面宽6毫米。将上表面在刨床上进行校准，并钻孔安装螺丝。大多数的铸件厂会有这种物件出售，因此滑脚不会耗费很多资金。滑脚上面的橡木或枫木必须和滑脚贴合紧密，连接处使用船用垫片。螺丝直径9.5毫米，在螺丝头下面垫上垫片，然后将螺丝上紧。用在滑板后部与支板接触处的螺孔中的螺栓要埋头以保证滑板支板的平整。打磨滑板时必须保证尽可能精细，其方法如下：将1个滑板放置在台钳上，使用木制直尺比量将滑动边沿打磨成最佳的曲线，不要打磨螺栓孔下面的位置，将滑板首尾打磨掉5毫米。直尺要能够在滑板上前后顺畅滑动。将各面夹角打磨成直角。在滑板螺栓孔上放置一截铜管，其直径要能容纳6毫米的螺栓。这些螺栓要是长203毫米的方头螺栓，螺栓帽嵌入夹板6毫米以防止螺栓转动，在垫圈和螺母外侧装有开口销。需要制作一个木箱以便在不使用的时候收纳并保护滑板，滑锋的轻微损坏都要耗费大量时间打磨修补。使用时，需要使滑板一直保持在冰面上以防止生锈，滑锋要保持良好的竞技状态。

使用51毫米厚的硬质木材制作一个缓冲器，并在其周边包上铁片，用螺丝固定，放置在舵的前方。测量缓冲器尺寸时有必要将滑板安装到位。斜桅支索的固定片是使用32毫米宽、6毫米厚的铁片制成的，在上面钻孔安装方头螺丝并安装套筒螺母。

主帆脚索处的滑轨是用2块纹理细密的硬质木材制作的，用螺丝将其固定在龙骨上（如图所示）。前端部分应该可以拆卸，这样可以使龙骨与滑板支板的连接条安装到位。用油涂在木板上，但是仅在顶部涂上清漆。如果将木板整个涂上清漆，那么滑环将粘在上面。滑环的质地是黄铜或青铜。

当油彻底干了后，用细砂纸轻轻打磨表面再涂上2至3层能找到的最好的桅杆清漆，每涂一层都要用砂纸轻轻打磨。除了铜质的，其他金属部件都要镀上一层铝，之后船体的制作工作就完成了。

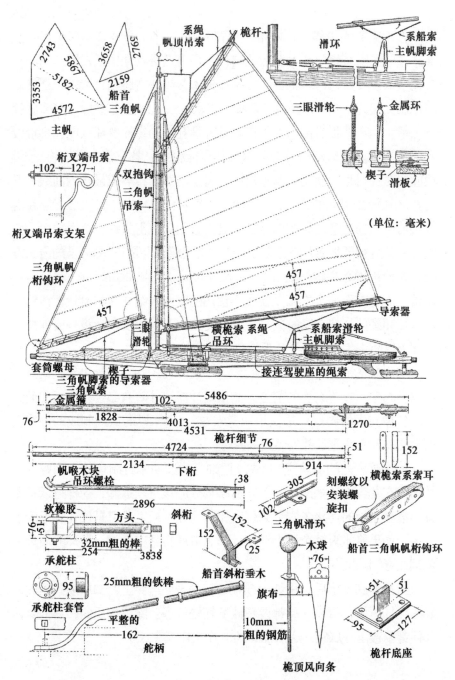

（单位：毫米）

组装桅杆和绳索

只有优质云杉木才适合做桅杆。毋庸置疑，空心的木头更轻更适合做桅杆，但是花费也更高。如果资金充足，那就买空心桅杆。如果资金紧张也可以按以下的步骤制作：选择102毫米见方的木材做桅杆，下桁和斜桁使用76毫米见方的木材，船首三角帆帆桁使用51毫米见方的木材。将做桅杆的木材4个边都打磨顺滑，然后从距离底部1.8米的地方向下切割斜面，使桅杆边长缩减为76毫米，打磨4个边，使木材仍保持四方形。在距离桅杆顶1.5米的地方开始，将其边长削减至64毫米，将4个角刨掉使之成为八边形。之后用一个小刨子将桅杆修圆，然后用砂纸将所有刨子留下的痕迹打磨掉。如果试图在切割斜面前将桅杆磨圆，那么你会发现很难保持桅杆笔直。在桅杆底部安装一个宽51毫米的铜圈或铁圈以防止桅杆裂开，并切割出一个榫眼以安装桅座。用苹果树木料或枫木制作出图中所示的横桅索系索耳，然后用螺丝固定在所示位置并将吊环螺栓和桁叉端吊索支架安装到位。下桁和斜桁的制作方法和桅杆相同。下桁的两端边长被削减至51毫米，在尾端钻一个大孔以放置船帆拉索。斜桁的两端边长被削减至38毫米，在其顶端有一个固定拉索的孔。在帆喉处用铆钉固定一块橡木齿板，齿板上装有帆喉木块，齿板最好在船舶杂货店购买。船首三角帆帆桁不用削窄，但是要将其刨圆，将船首三角帆帆桁钩环的齿板用铆钉固定到位。下桁和斜桁上的系索耳和横桅索系索耳相似但相对小一些。

可以使用铁质零件，但最好尽可能地使用黄铜或青铜零件。细节图显示了桅杆顶部的风向条、桁叉端吊索支架和2块支索铁片，图片说明简洁明了，因此不在此过多赘述。船首三角帆滑环是用9.5毫米粗的杆子铆接并焊在6毫米厚的板子上制成的。用76毫米的长钉作为滑环的插销

帆、绳索、船体部件的细节图。右上角是为主帆安装绳索的细节图。下面是将船首三角帆、斜桁尖头和帆喉升降索固定在滑轮上的方法。

是最好的。这样做的日的是防止帆索滑轮滑动到滑环的下方。用铆钉将桅杆底座的2块部件固定牢固。船首斜桁垂木是用宽25毫米、厚6毫米的木板制作的，在其"V"形底端安装1截从中间劈开的管子。三角帆帆桁钩环是全铜制造的，给钩环端的孔刻螺纹从而连接到前桅支索的螺旋扣上。将龙骨和滑板支板安装到位后才能安装连接条。建议用硬纸制成连接条的模型，交给铁匠或机械师让他们按照模型锻造。将连接条上的螺栓固定在铁片上。如果不能用铜铸成承舵柱，那么必须请一流的铁匠打造，因为这是相当复杂的部件。为承舵柱安装上软橡胶减震垫，这样可以大幅减轻在凹凸冰面上滑行的颠簸。当然舵柄必须安装在承舵柱上，这样就能灵活转动。用棉线包裹舵柄并在其中填入虫胶，之后在表面刷上一层清漆。承舵柱套管处可以使用钢板，但是它们很容易磨损而且会在承舵柱上磨出一个凹槽，这就是为什么值得花钱购买并安装图示中青铜或铸铁的套筒，这种套筒十分耐磨。

因为有许多一流的制帆人都擅长为冰上快艇制帆，所以要挑选一名合适的制帆人，并在下订单时将对帆的要求发给他。斜纹布料比较廉价而且坚韧耐用，但是如果使用优质的帆布就更好了。在下订单时要说明是为了冰上快艇定做帆，并提出以下要求：船首三角帆上要有挂钩以安装在前桅支索上，下端要有套在下桁上的带子或者下端按照帆船的要求制作。主帆上贴近桅杆一侧要有成对的套管，在升起时可套在桅杆上。主帆底端安装一些单独的套管。将这些要求告诉制帆人，他知道如何做。

驾驶座的座垫是用优质棉布制作的，在4边和1面缝接上灯芯绒或长毛绒，在座垫里填充海绵或废弃毛绒玩具中的填充料，座垫要厚64毫米。座垫面罩要比驾驶座长152毫米，因为装入填充物后面罩会变短。稍微长一些的座垫放在座舱里会更稳固。固定座垫的挂扣也要用座垫的面料包起来。

　　横桅索、前桅支索及拉索都是6毫米粗的钢丝绳，斜桅支索需要用到9.5毫米粗的钢丝绳。在制作每一个部件时都要从快艇上实地测量尺寸以免出现差错。首先用绳环套在桅顶上将桅顶和龙骨的一端连接起来，然后龙骨的另外一端和9.5毫米粗的带圈螺旋扣连接在一起（不要使用挂钩式套螺旋扣）。所有的螺旋扣都要与钢丝索眼环连接。用3毫米粗的棉线将所有的绳圈和连接处包裹好，填入虫漆并在表面涂上清漆。斜桅支索上有一个索眼可以连接到龙骨前端，然后从龙骨前端穿过船首斜桁垂木，向后固定到在缓冲器上的固定片。下桁和斜桁上的绳索粗6毫米，并按照上述方法用绳圈固定。吊索应该用9.5毫米粗的钢丝，其安装方法如下：通过一对双抱钩把船首三角帆的吊索连接到固定在三角帆上的钢丝索眼环；吊索的底端和铁梨木的三眼滑轮连接起来。帆顶吊索上端通过钢丝索眼环连接到铜质系船索上，下端用另一个钢丝索眼环连接在滑轮上。桁叉端吊索两端各有1个钢丝索眼环，一端连接在斜桁齿板的螺孔上，另一端连接在底端的滑轮上，连接方法和横桅索与拉索处的连接方式相同。需要用到9.5毫米粗的马尼拉麻绳，麻绳自由端和船绳连接起来。主帆脚索的一端和系船索滑轮上的金属环连接，另一端连接在钢丝索眼环上，这一端再通过螺丝钩链和主帆脚索滑环连接在一起。一个位于桅杆下端的滑轮可以使滑环在滑轨上滑动，从而可以在滑冰比赛中能轻易调整风帆，而不会使船头迎风减慢速度。其他绳索在图中显示得清楚明了，就不做赘述了。

　　吊索滑轮是专为钢索设计，也可以使用其他铜质的优质滑轮，但是不能使用镀锌滑轮，也不能使用挂钩式的连接物。

　　上述的绳索、螺栓、桅杆箍、曲颈管、系索耳、索带、螺丝、导索器等都需要从船舶商店购买。船首三角帆和主帆边沿的索带是用5毫米粗的成股棉线制作而成，船帆的拉线也是用的这种材料。用螺丝将导索器固定在主帆下桁前端，或者用帆尾处的钢丝索眼环代替，绳索穿过后系上一个绳结并拉紧。在龙骨两侧的滑板支板上分别安装1个导索器用于牵引滑轮上的绳索。

在将快艇放置在冰面上之前，除了滑板，整艘快艇都要在室外组装好——包括帆的部分，以确保各部件连接牢固。

在组装时，用螺栓将龙骨与滑板支板的连接条固定紧，从承舵柱安装孔中心开始测量，在滑板支板两端确定出到承舵柱中心等距离的两点，然后将滑板支板和龙骨调整成直角，之后将各个牵索固定紧。

用防水的帆布制作船罩，罩子大小要可以盖住整个船，以起到保护作用。罩子是一整块，为桅杆留一个开口，然后在边缘装一些索环让船罩可以紧紧地绑在拉索和斜桅支索上。在下桁下安装一块支板可以将船罩支撑起来，像个帐篷一样。在下雪天需要将滑板拆下来风干、涂油后小心地放在储藏箱里。

人们常常会发现，在做许多的事情时，期待的快乐远超过实际获得的快乐。但是这一规律完全不适用于制作冰上快艇。尽管建造这样的一艘快艇会耗费建造者大量的时间和劳动，准备过程中你满心欢喜并充满期待，但是当你掌握了操作快艇的技巧时，它仍能给你带来无与伦比的快乐。掌握其技巧的唯一方法是和几个老手一起比赛切磋。当你爱上冰上快艇后，唯一能满足你的方法就是来玩冰上快艇。

· 冰上滑板车 ·

喜欢玩滑板车的人在冬天也可以不必舍弃其爱好了，冰上滑板车是一种在冰上使用的有趣装置，这种装置将超越最好的滑板车。要想做成图中的冰上滑板车也并非难事。

冰上滑板车和冰上快艇非常相似，只是比它小许多，制作它需要3

个普通的冰刀。将2个冰刀安装在前端横板的两侧，使2个冰刀刀锋向外倾斜30度。为了实现这个角度，需要把木块削成斜面后固定在横板两端（如图所示），之后将冰刀固定在这2个木块上。

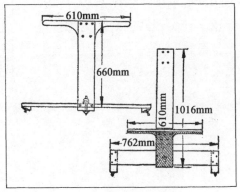

冰刀构造的细节图。

　　横板长762毫米、宽203毫米，在横板上竖立一个高660毫米的支架。横杆的前后沿被切割成斜面，因此固定在横杆前沿和后沿上的木板会向尾部倾斜。在两个直板顶端中间固定一根长610毫米的手柄。滑板车尾部是用一块长102毫米、厚203毫米的木板制成的，在其尾端竖直安装第3个冰刀。在冰刀顶部钻孔，用螺丝穿过这些孔将冰刀固定在木板上。在尾部木板前端钻一个孔，可以用螺栓将其固定在前端横板的中间位置，这样可以通过控制横板来引导滑板车方向。

冰上滑板车和轮式滑板车推进原理相似，而滑行速度更快。

　　推进器是用1块木块制作的，用钉子钉穿木块，钉子尖端暴露在木块底面。按图所示将这个木块绑在一只脚上。冰上滑板车的使用方法和滑板车相同。

　　还可以用另一种方法制作推进器，使用鞋底皮代替木块。在皮子两边开孔以便穿带子。用钉子扎穿皮子让尖端露出来。两种推进器都很好用。

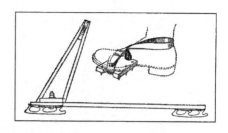

将钉有突出钉子的木块绑在鞋上推动滑板车前进。

· 木制滑冰鞋 ·

木制滑冰鞋可以取代普通的钢制冰刀滑冰鞋，这种滑冰鞋还可以避免脚踝扭伤。用几块6毫米厚的硬质木板就可以制作一双这样的滑冰鞋。

首先切割出4块前端高38毫米、后端高51毫米的滑板，滑板长度要比鞋子长51毫米。将1对滑板的顶端钉在一块宽

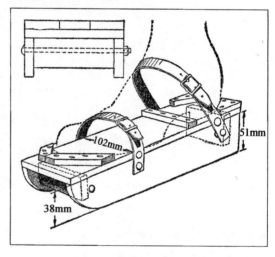

木质滑冰鞋可以代替冰刀并防止脚踝扭伤。

102毫米的木板底面。将1块高51毫米的木板固定在滑板尾部，在滑板前部固定1块高25毫米的木块，用2根螺栓穿过滑板上钻的孔，1根螺栓贴在前端木块的后面，另1根螺栓固定在后端木块的前面。

　　在顶板上安装4个三角形木块，每个角安一块，这样鞋尖和鞋跟正好卡在它们中间。还可以根据需要在鞋跟前方位置固定一块横木块。在鞋子侧面固定带子用于将鞋绑定在脚上。两只滑冰鞋的做法相似。

第三章
幼儿的专属娱乐

动物乐园

· 马儿快跑 ·

无论孩子年龄大小，这个玩具都将充满乐趣。它所能够带来的欢乐绝对会让您在制作上花费的功夫物有所值。马车高约254毫米，用雪茄盒制成如图的形状。在马车的两侧各钉上一片3毫米×51毫米×102毫米的木块，并在木块上钻一个直径3毫米的孔，用于放置车轴。马儿的制作也很简单，取一片13毫米×102毫米×152毫米的木片，在上面画出马的头部、脖子和身子的轮廓。沿轮廓剪切木片，并在安装马腿的位置钻出3毫米的孔。

如图所示剪出长约89毫米的马腿。用小的螺杆或铆钉将其安装在马身上，留出足够的空间使腿能够自由活动。用松木制成厚13毫米、直径76毫米的车轮。车轴用直径5毫米的金属线制成，如图中所示，在距离两端13毫米的位置各弯出一个凹槽。将车轮紧紧地安在车轴上，使其无法在车轴上转动。用一根木条将马儿连接到马车的顶端。在马车的后侧安装一根长914毫米的木柄，用于操控马车。用金属线将马腿与车轴上的凹槽相连。

图1　图2

用木柄推动玩具向前，马儿也跟着走了起来。

· 斗　鸡 ·

图中的玩具会给年幼的孩子带来巨大的乐趣，使他们沉浸在游乐中而忘乎所以。这个玩具制作简单，不易损坏。

在薄木板或是高密度复合板上切出两只公鸡的形状，然后对其上色。取一块薄弹簧片，用平头钉或曲头钉穿过弹簧片上的孔钉在公鸡爪子的底部，使公鸡固定在弹簧片上。接着，将弹簧片固定在一块图中所示的基座上，并将弹簧片的两端固定，使其中部微微向上突起。最后，将一个木钉固定在弹簧片的中部。通过按压木钉的顶部会让两只公鸡前后摇摆，就像在谷仓前争斗的公鸡。

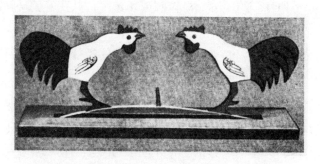

安装在弹簧片上的两只公鸡不仅滑稽好笑，而且绝对安全，是孩子娱乐的不二选择。

· 木制机械短吻鳄 ·

一个小男孩只需要用一把折叠刀就能做出在拉动时能够张嘴摆尾的短吻鳄。图中所示的各个配件均从厚度为13毫米的软木上切下。根据侧视图将各部件固定在一起。当轮子转动时，安装在两个轴的凹槽上的凸轮A使下颌和尾巴上下运动。鳄鱼上颌最宽处为25毫米，上颌长76毫米。下颌较小，但是长度相同。鳄鱼躯干长152毫米，呈锥形，最宽和最窄处分别为38毫米和19毫米。尾巴的长度为121毫米、宽19毫米。在各个部件连接处的边缘钻一个孔，用金属线从孔中穿过，连接处成图中B所示的样子。图中详细介绍了鳄鱼的两条腿。在鳄鱼腿和躯干上安装的部位分别钻出1个1.6毫米的孔，使固定配件能够从中穿过。腿的下端固定在76毫米×229毫米的基座上。在基座的两端分别为凸轮A开一个25毫米的正方形孔。车轴和轮子的制作方法如图所示。车轴要紧紧地安装在轮子内，以使轮子和轴能够一同转动。车轴用直径3毫米的金属线制成，并将其弯曲成图中所示的形状。金属线的长度要能够穿过基座底部并从轮子两侧伸出。

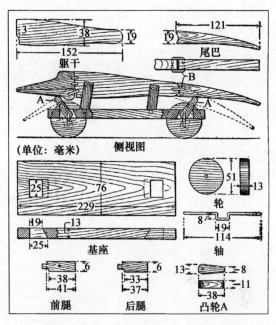

用细绳拉动短吻鳄，它的下颚和尾巴将会上下摆动。

· 摇头摆尾的驴儿 ·

最受欢迎的玩具就是那些能够模仿一些常见物体运动的玩具。图中所示的驴就是一个很好的例子。将图形画在一块19毫米厚的木块上，然后用钢丝锯、弓锯或带锯将图形锯出。然后，在驴的腿部中间锯出一个凹槽，凹槽一直延伸至驴的躯干的中部。在头部的后侧也切出一个类似但更窄的凹槽。如图，用锡片将头部与躯干连接在一起。用锡片剪出尾巴的形状，将尾巴固定在后方的凹槽上。尾巴以及连接头部和躯干的锡片都用小曲头钉充当枢轴安装到驴的躯干上。带有轮子的基座下方有一个螺丝眼，用绳子将头部和尾巴与螺丝眼相

桌上的小驴摇头摆尾，其机械原理简单，易于制作。

连，从而带动头部和尾巴运动。将边缘圆滑的平直的木条安装在转动的轴上用作凸轮，这样在拉玩具时，木条会敲击绳子，从而拉动头和尾巴上下运动。此外，可以根据自己的喜好对动物进行装饰。

· 跳动的青蛙 ·

这个有趣的小玩具可以用吃完鸡肉剩下的鸡叉骨来制作。

如图，将一根结实的细绳弄成双股，在距离叉骨末端25毫米的位置将叉骨两边牢牢系在一起。切一根略比叉骨短的木棍，在距离木棍

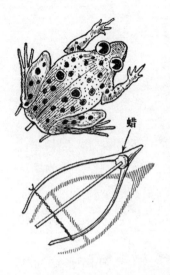

蜡

一端约13毫米的位置制作一个圆形凹槽。把约一半的木棍插入双股绳，转动木棍使绳子绕紧，这时将木棍往外拉直至凹槽卡住绳子。在一张纸或是薄纸板上剪出一只青蛙的形状，并尽可能将其涂成接近于真实青蛙的颜色，然后将其黏在叉骨的一边。现在需要的是一块鞋匠用的蜡，将其放置在木棍自由端叉骨分叉的位置上。如果孩子想让青蛙跳动，他只需要将木棍推下去，然后将木棍自由端压入蜡中。将青蛙放置在桌子上，不一会，随着木棍从蜡中滑出，它就会突然栩栩如生地跳动起来。

不可思议的飞行器

· 如何制作飞机模型 ·

图中所示的飞机模型尽管不能称拥有最佳的性能和设计，但其飞行效果却很令人满意。它们所拥有的结构特征使它们易于制作。因为设计简单，模型飞机会吸引那些不管是否有经验，但喜欢手工制作的人。如果他有一定的耐心，并能够注重细节，那么他就能够制作出自己所选择的飞机模型。

因为图1中的"竞速型"、图2中的"翱翔型"和图9中的"起飞型"基本相似，所以首先对这几种飞机模型进行介绍。这三种飞机模型的机翼制作方法相同，使用的材料相同，但是尺寸不同。在制作机翼时，首先选择两条雪松、椴木或云杉木来做翼梁，木条要略微长于机翼的长度，将其准确地刨至3毫米×6毫米，然后切成机翼的长度。标记出木条的中间位置，并分别钻出一个1.6毫米的孔。在木条两端的中间位置各钻一个1.6毫米的孔，深13毫米。然后剪出几片牢固的纸条，涂上胶水，并将它们缠绕在翼梁的两端和中部，直至2至3层纸的厚度，这样可以防止断裂。从直径1.6毫米的软铁丝上剪下两段，它们的长度比两翼梁中心之间的距离长26毫米。在距离两端13毫米的位置将软铁丝弯成直角，在砧板或台钳上将软铁丝的两端压平。将翼梁平放在光滑表面上，然后将软铁丝折成直角的两端插进木条两端的孔中。将铁丝末端尽量向孔内塞，如图5所示。当这些金属丝被弯曲用来控制飞行方向的时候，它们不会滑动，这是因为金属丝较软，并且较平的端头能够防止其上下活动。这种方法会将后翼梁稍稍拉弯，但是在多种模型中的使用证明这种方法还是很令人满意的。在机翼框架组装完毕后，将其放置在一张硬纸上，画出轮廓，在四边留下13毫米的边缘，然后将其剪下。在框架的底边上涂胶水，然后把框架放在纸上，给纸四边留出的边缘是均匀的。开始制作折边，但注意不要把翼梁折弯。对纸张的两端进行剪切，使其适合安装在翼梁之间。在它们表面涂上胶水，包住金属线对折，将纸的两端粘贴在纸张的上表面。在胶水完全干透后，将机翼放置在一块光滑的板上，将多余的纸张修剪掉。将翼梁孔上的纸戳穿，并在整体上涂一层防水清漆使其能够更加地牢固、持久。

接着制作传动杆。首先切下一根6毫米×9.5毫米×622毫米的松木或云杉木。将其平放，在距离一端约19毫米的位置钻一个直径约1.6毫米的孔，并在距离第一个孔13毫米的位置钻另一个孔。如图3所示，将一根软金属丝弯曲从孔中穿过，然后将金属丝的两端弯曲成图中所示的样子。竞速型模型上的螺旋桨架用一片金属片制成，在金属片上为直径1.6毫米的转轴钻孔，并根据图6将其固定在传动杆上。可以使用双面胶将金属片制成的螺旋桨架粘贴在传动杆上，这对初学者来说是一种更适合的方法。图7所示的是螺旋桨的制作方法。转轴应当用金属线制成，弯曲成图1中所示的形状，然后穿过螺旋桨中间的孔。将转轴穿过轮轴后弯曲一下，用弯曲的那一端在轮轴上做标记，然后取出转轴，在轮轴标记处打眼，再次将转轴插入轮轴将弯曲的那一端插入孔中。这样将会防止螺旋桨在其转轴上空转。另外一种方法是将转轴的一端压平，用力将压宽的部分插入到木块内。

图4中所示的升降舵由松木或椴木制成，用贴纸将其中部固定（方法与固定机翼翼梁的相同），详情见图1中的阴影部分。将木板刨至1.6毫米的厚度，然后切下一块大小合适的木板。"竞速型"适用的大小为64毫米×203毫米；"翱翔型"，64毫米×216毫米；"起飞型"，76毫米×229毫米。用纸条和清漆将边缘固定。竞速型飞机模型的升降舵是不可活动的，但它是用两个圆头螺钉固定在传动杆上。这就是使得升降

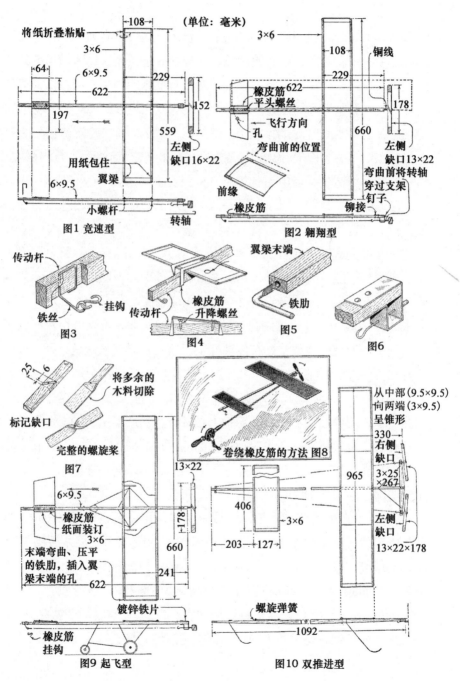

（单位：毫米）

将纸折叠粘贴
3×6
64
6×9.5
622
229
108
197
152
用纸包住
翼梁
6×9.5
小螺杆
转轴
559
左侧
缺口16×22

图1 竞速型

3×6
108
229
622
铜线
橡皮筋
平头螺丝
孔
飞行方向
弯曲前的位置
前缘
橡皮筋
178
660
左侧
缺口13×22
弯曲前将转轴
穿过支架
钉子
铆接

图2 翱翔型

传动杆
铁丝
挂钩
图3

橡皮筋
升降螺丝
传动杆
图4

翼梁末端
铁肋
图5

图6

25 6
标记缺口
将多余的
木料切除
完整的螺旋桨
图7

卷绕橡皮筋的方法 图8

6×9.5
橡皮筋
纸面装订
3×6
末端弯曲、压平
的铁肋，插入翼
梁末端的孔
镀锌铁片
橡皮筋
挂钩
13×22
178
660
241
622

图9 起飞型

从中部(9.5×9.5)
向两端(3×9.5)
呈锥形
330
右侧
缺口
3×25
×267
965
左侧
缺口
13×22×178

13×22
406
3×6
203 127
螺旋弹簧
1092

图10 双推进型

上左：翱翔型，带有两个额外的翼肋；上中：双推进型，滑行半径约183至244米；
下左：翱翔型模型图片显示传动装置的安装方法；下中：与305毫米尺子进行对比
的小模型，借助51毫米的螺旋桨进行驱动；下右：飞行中的飞机模型。

舵的角度无法调整，除非将其从传动杆上卸下。放在前侧边缘下方的2
至3个小垫片可以将其保持在正确的角度。翱翔型和起飞型模型上的升
降舵是可以进行调节的，升降舵用单个螺丝固定在后侧边缘附近，螺丝
钉充当枢轴的作用。用一根橡皮筋将升降舵向下顶在前侧边缘下方的平
头螺丝上，使其保持笔直。要抬高或降低升降舵的角度，只需要将其拉
向一侧，使图中所示的孔移至螺丝头的上方。然后根据需要用螺丝刀将
螺丝拧入或拧出，再将升降舵摆正。橡皮筋还能够防止升降舵在降落受
到撞击时意外脱落。

　　图9中的起飞型飞机模型与翱翔型飞机模型相似，不同之处在于
它的表面积略大于后者，并且其机翼所设计的角度足以使飞机顺利上
升。要实现这一点，需要使用足够厚的小垫圈使机翼翼梁前端抬升约3
毫米。图中展示了起落装置的安装方式，起落装置由三个固定在硬钢丝

　　四种飞机模型均能够成功飞行，其特点使其易于制作。通过调整模型的机翼和升降
舵可以控制飞机的飞行航线和高度。模型的动力主要源于橡皮筋。

上的轮了组成。用雪茄盒木板制作轮子，在中间钻孔，然后使用与支架粗细相同的硬钢丝充当轴。将支架硬钢丝的两端缠绕在轴上。较小的前轮应当略低于其他的轮子，使得模型停放在地面时传动杆的前端高于后端。前轮的直径为38毫米，较大轮子的直径为51毫米。

图10中所示的"双推进"模型比其他三种类型要更加精密，但是其制作的难易程度仍然是在业余技工能力接受的范围之内。它的升降舵不会摇摆，但是其制作方法与其他模型完全相同。机翼的制作方法也基本相同，不同之处在于翼梁中部为9.5毫米见方，两端为3毫米×9.5毫米，从中部向两端成锥形。在两根翼梁间、距离中部152毫米的位置安装2根额外的翼肋。在安装表面的纸翼前首先钻孔将翼肋插入。传动杆用松木或杉木制成图中所示的形状，尺寸为13毫米×25毫米×1092毫米。用102毫米长的铁丝制成前端的挂钩，将其插入传动杆前端钻出的孔内，并弯成环形。搭载支架的横梁用硬木制成，并用1.6毫米粗的硬铁丝加固。支架用金属板条制成，弯成U形后用铆钉固定在横梁上。着陆滑轮用硬铁丝制成。机翼的前缘向上抬起约1.6毫米。升降舵是可以调整的，并用2个螺母固定在传动杆上。前端的螺丝穿过翼梁和传动杆间的弹簧，以此来改变升降舵的角度。

所有飞机模型的动力都来自于厚1.2毫米、宽5毫米、长102毫米的橡皮筋。将许多皮筋以链条的形式连接在一起，连接在一起的每三根皮筋的长度为152毫米，而不是306毫米。这种连接方式能快速简便地对断裂的橡皮筋进行更换。

如图8所示，在手摇钻的卡盘上插入一个铁挂钩，以此作为缠绕器。在模型上将橡皮筋连接在一起后，将"马达"（整个橡皮筋链）的一端挂在手摇钻上。将橡皮筋拉长至两倍的长度，将其卷绕至一半。然后继续卷绕，并慢慢将橡皮筋放松，使其在完全卷绕后能保持笔直，然后将其再挂在钩上固定住。旋转的次数根据经验确定。就"双推进"模型而言，在每个螺旋桨上缠绕约1000圈，如果手钻上的齿轮传动比为4比1，就需要摇钻250圈。模型上的两个螺旋桨必须向相反的方向转动。

　　在放飞模型时，右手握住机翼前的传动杆，左手握住螺旋桨。然后快速将飞机向空中投去。如果飞机上升坡度过陡，可以将升降舵向下调整；如果飞机持续下降，需要将升降舵向上调整。在两个翼梢处于平缓状态时，飞机将会向右侧滑行。将右侧翼梢略微向下弯，飞机会向前直飞；如果右侧翼梢再向下弯曲，飞机就会向左侧滑行。可以进行多次试飞，以进行准确调试。

· 水上玩具飞机 ·

　　图中所示的水上玩具飞机是充满创意的水上模型，在螺旋桨没有转动的情况下，船体会漂浮在水的表面。如图，在全速前进时，船体会快速离开水面，并借助滑鳍在水面上滑行。

　　船体的两侧和底部用厚度约3毫米的松木板制成。用木块将两侧隔开一定的距离，便于安装推进装置的木支架。如图，安装铝制滑鳍，并使它们保

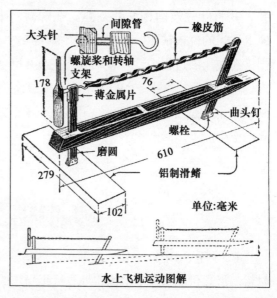

螺旋桨转动时水上玩具飞机就会在水的表面滑行。

持相同的角度。使用模型飞机的螺旋桨进行驱动。对于610毫米的水上飞机而言，螺旋桨的长度约178毫米。其动力源于用几根橡皮筋连接在一起而制成的马达。

· 飞天螺旋桨 ·

这是一个非常有趣的小玩具，制作只需要一小片锡片、一个空线轴、一根有肩杆的木棍、一些线绳，以及几分钟的时间。将两个小曲头钉钉在线轴一端沿直径相对的两个点上。将钉头去除，使钉长约19毫米。用锡片制成与飞机相似的螺旋桨，并将叶片弯向相反的方向。在螺旋桨上适当的位置钻孔，便于将钉子插入其

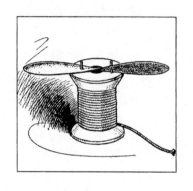

中。在使用的过程中，将线轴放置在直径略小于线轴轴心、带有肩杆的木棍上。然后，将长约102毫米的线绳缠绕在线轴上，并将螺旋桨放置到位。用手握住木棍，另一只手猛拉绳子，这时螺旋桨就会脱离线轴而飞向空中。

· 羽毛滑翔机 ·

4根羽毛、1个钉子和一些细线，这些就是制作滑翔机所需要的所有材料。滑翔机能够在空中优雅地飞行相当长的距离。

如图所示，对羽毛进行修剪和组装，将钉子水平放置在前翼的前

方，以保持滑翔机的平衡。羽毛滑
翔机投掷方法和纸飞机一样，而且
因为羽毛更为牢固，羽毛滑翔机可
以使用更长的时间。

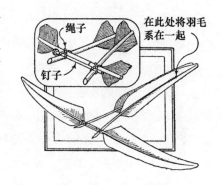

·如何制作老式四轮单翼机模型·

作为优雅的飞机
之一，老式四轮单翼机
模型以其卓越的飞行姿
态而闻名于世。其较大
的体积和较缓的滑行速
度使其成为了飞机模型
的宠儿，让那些飞镖般
的模型望尘莫及。最好
的飞机重量为255克，
在自身动力的推动下从
地面爬升至366米的高
度，然后再缓缓着陆。
其构造较为简单，只要

这只"机械鸟"在滑行1.5米后便会腾空飞行。

仔细参阅草图，就能制成相同的模型。

如图1，制作助推器基座A，取2根长1219毫米、宽9.5毫米和厚6毫米的杉木棍。在两根木棍的 ·端分别涂抹一层胶水，然后用细线缠绕挂钩，将其固定在棍上。挂钩如图中B所示，挂钩与产生动力的橡皮筋的一端相连。在两根木棍的另一端的C点有两个支架。支架用25毫米长、25毫米宽、9.5毫米厚的木块构成。在其表面涂胶后用细绳缠绕进行固定。在木块上纵向钻孔，并用内径1.6毫米铜管制成的轴衬穿过木块。用4根长229毫米、宽厚均为5毫米的木杆D将2根助推器基座A进行连接，并在两端用绳子和胶水进行固定，使两根基座间的距离相等。前端保险杠E用直径3毫米的圆形藤条制成。

　　接下来需要制作的是起落架。如图2所示，起落架完全用5毫米见方的竹杆制成。图中的F长279毫米，G长241毫米，而横杆H长279毫米。在尾部，J长330毫米，K长114毫米，横杆L长279毫米。图2中M点和N点之间的距离为152毫米，而O点和P点间的距离为229毫米。将竹片浸湿，弯曲后放置在烛火上烘烤，待竹片冷却，它就会保持弯曲后的形状。机轮用直径38毫米的锡片制成，可以从玩具车上取得。轮轴使用直径1.6毫

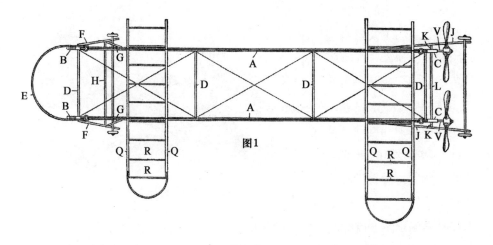

助推器基座A用2根杉木杆制成，4根横杆D在木杆底部借助绳子和胶水将2根木杆连接在一起。

米的铁丝制成。翼梁Q用宽5毫米、厚6毫米的杉木制成。肋梁R用1.6毫米见方的竹片制成，前翼肋梁长127毫米，后翼肋梁长152毫米。使用绳子和胶水在翼梁上表面每隔76毫米的位置将肋梁进行固定。肋梁略微向上弯曲，并用直径1.6毫米的藤条使其边缘变得圆滑。

　　要制作出性能优良的螺旋桨是相当困难的，但是如果多一点时间和耐心，就能制作出外形美观、比例合适的螺旋桨。取2根长203毫米、宽38毫米、厚19毫米的雪松木。如图3，在木块S上画一条对角线，在木块T上画方向相反的那条对角线。然后，把这些木块都翻过去画与各自正面对角线相反的对角线，如图中虚线所示。在对角线交点上分别画出直径为13毫米的圆圈。在交点上钻出直径1.6毫米的孔，以便将螺旋桨转轴插入其中。在木块上画出线，沿着线条将多余的部分去除，确保剩余的木块不断裂即可。叶片的表面是平整的，而其背面呈圆弧。在靠近中心

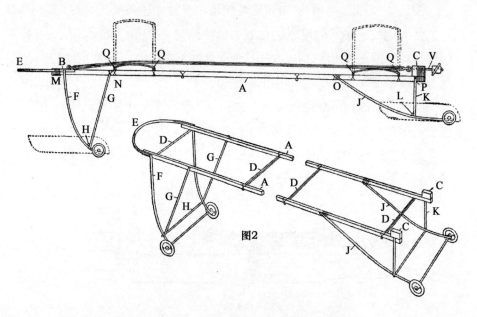

图2

起落架完全用竹制成，并连接在助推器框架的底部。

轴孔的部分要留下足够的木料。在叶片表面制作完毕后，将叶片制成图3中U所示的形状。最后用砂纸将螺旋桨进行打磨，使其表面足够光滑，因为模型的成功与否很大程度上是取决于螺旋桨。在螺旋桨、飞机框架和起落架的表面上漆是相当明智的选择。在表面涂上铝粉浆并

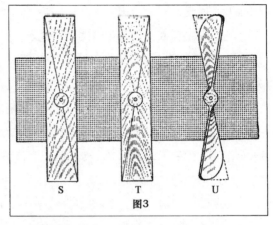

图3

最难制作的螺旋桨需要多一点的耐心才能成功。

不会花费太多，并且会使模型飞机看起来干净整洁。

图1、图2和图4中所示的螺旋桨转轴用自行车辐条制成。在辐条上距离带有螺纹一端约51毫米的位置为橡皮筋弯一个孔。如图4所示，将螺纹一端穿过支架木块C中，并用2个从自行车螺纹接套上锯下的螺母将螺旋桨固定在螺纹的一端。用钳子将螺母拧紧。

将机翼平面用薄纸进行覆盖，并用面粉浆在翼肋上紧紧粘牢。用橡皮筋将每个机翼与助推器基座的4个接触点进行捆绑，使机翼活动地固定在基座上。这种方法能够使飞机通过改变机翼平面的位置来保持飞机的纵向平衡。

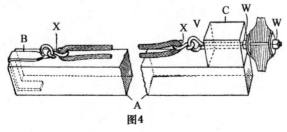

图4

飞机最重要的动力装置由橡皮筋组成。

作为整个飞机最重要的部分，动力装置主要由橡皮筋制成。获得橡皮筋的途径有三种。如果有可能，最好的方式是从模型飞机供应商那里购买。购买直径1.6毫米的方形橡皮筋30米，每侧各15米。将橡皮筋穿在挂钩X之间。这里需要使用滑石粉，以防止各部分粘连在一起。

在模型制作完毕后，接下来要做的就是飞行了。对于体积这么大的模型而言，需要在面积较大的空旷地上才能取得好的飞行效果。首先通过滑行对飞机进行测试，用手握住螺旋桨，使支架木块与头同高，然后将飞机框架水平向外投出。将机翼平面向前或向后进行调整，直至飞机能够平衡飞行、平稳落地。

给螺旋桨"上发条"可以借助普通的手钻来完成。在他人帮助握住螺旋桨和助动器基座的同时，将橡皮筋从飞机前端取下，挂在手钻的孔上。将橡皮筋拉伸至长约3米，并在卷绕的过程中逐渐将其放松。将两个螺旋桨向相反的方向旋转4000至8000转，要确保两个螺旋桨旋转的圈数相同，使飞机能够沿直线飞行。

将飞机放置在地面上，同时松开两个螺旋桨，向前推动飞机。如果各部件都制作得准确平衡，那么这只机械鸟就会在地面滑行约1.5米后起飞，升至4.6米至6.1米的高度，滑行约244米至366米，然后逐渐下落，缓慢着陆。

如果飞机未能够爬升，可以将机翼前板略向前端移动。如果飞机突然爬升，并悬在空中向尾翼回旋，则需要将机翼前板略向后侧移动。

当陆上飞行变得索然无味时，也可以尝试在水面上进行飞行。水上飞行需要将轮子换成4个浮舟，如图2中的虚线所示。

在制作模型的过程中，耐心是必不可少的要素。有时，非常细心制作的模型却无法飞行，如果没有进行一些看似不重要的调整，任何人都无法使模型升空。

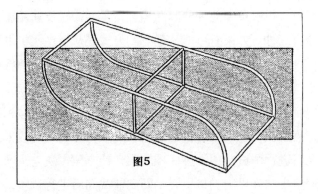

图5

浮舟框架表面覆盖浸过石蜡的纸张。

拖拉机

· 玩具农用拖拉机 ·

虽然玩具拖拉机也依靠橡皮筋驱动，但是其操作方法与飞机模型完全不同。图中所示的玩具拖拉机将会成为业余制作者一项有趣的作品。除了后轮用厚13毫米的其他材料制成外，整车大部分的木制部件都用厚13毫米的云杉木制成。前轮用从窗帘杆上锯下的薄片。在各轮的中心固定锡盘充当支架。轮轴用软铁丝制成，铁丝的两端压平；后轴靠近一端的一小段部分也被压平，以防止驱动轮转动。使用硬锡片当作车轴支架。橡皮筋发动机的动力通过摩擦轮传递到后轮。在驱动轮对面、车

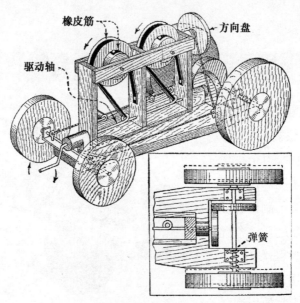

橡皮筋驱动的模型拖拉机。

轮和车轴支架之间放置一个小压缩弹簧，以保持摩擦轮的接触。这个装置还起到离合器的作用，使动力装置旋转的过程中驱动轮也能够自由转动。要实现这一点，只需将后轴推至下图中虚线所示的位置。在后轮动力装置框架上安装一个方向盘，将绳子连接到前轴支架的两端，方向盘通过绳子来控制前轮。如图，在制作动力装置时，用钉子将2个较小的圆盘固定在2个较大的圆盘上，并用短橡皮筋分别连接小圆盘和框架。取2根较长的橡皮筋，一端固定在2个较大的圆盘上，另一端固定在传动轴上的孔中。最后如图那样把圆盘安装在动力装置的框架上。在传动轴上弯曲处形成孔眼后，要确保孔两侧的铁丝均为笔直的。旋绕皮带应当1.6毫米厚、3毫米宽，长度要能够触及较大的转轮，并且需单独使用。较短的皮带为较长皮带的两倍粗，或者使用同样粗细的皮带，将其用作双股。

·用干电池和马达制作玩具拖拉机·

制作图中所示的玩具拖拉机仅需要1个普通2伏干电池、1个小马达和一些木制部件，制作过程将会给制作者带来巨大的乐趣。这个玩具的一个特点就是在需要时能够将各部件快速拆卸，用于其他用途。如右图，用木材制成

小男孩在短时间内就能制作出这个简单的电拖拉机，并从中获得极大的乐趣。

13毫米×76毫米×229毫米的基座，并在基座下方安装两根粗细相同的车轴。车轮是从线轴上切下的圆盘，或是用薄木制成后轮，用重木制成前轮。用螺丝、垫片或钉子将轮子进行固定。干电池安装在小木片上，用铁丝进行固定。用螺丝将马达进行固定，并用铁丝将其与干电池连接。一个前轮充当驱动轮，在轮上刻出凹槽安装钢丝绳。

· 制作水上玩具摩托艇 ·

图中所示的水上摩托艇制作方法简单，一个普通的小男孩使用一些轻木板、硬铁丝和橡皮筋就能制作出。摩托艇底部的浮板一端呈锥形，用横板将两片浮板固定在合适的位置。摩托艇的推进装置安装在顶部。螺旋桨是最难制作的部分，可能需要进行一些试验才能得到最

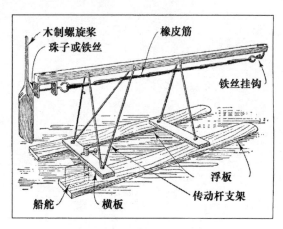

水上摩托艇借助橡皮筋动力装置进行驱动，使用薄木片就能够轻松制成。摩托艇能够以较快的速度滑行约15米的距离。

佳的效果。然而，重要的是要确保螺旋桨完全平衡，安装准确，以使其运转顺畅。螺旋桨安装在用锡制支架支撑的铁丝轴上。但在将螺旋桨安装在支架上之前，可以根据图示放一些小珠子或是松弛地缠绕几圈铁丝，以产生一定的间隙。动力的传输依赖于一根长橡皮筋或是几根套在一起的橡皮筋。如图，将橡皮筋用滑石粉涂抹后，一端固定在有螺旋桨的一头，另一端固定在顶部的木条上。用旧轮胎内胎可以制成强有力的橡皮筋。如果需要，可以在船上安装一个船舵，使得船能够绕圈行进，而不仅是直行。这样的摩托艇制作轻便，配有动力十足的橡皮筋动力装置，能够快速行驶约15米的距离。

· 制作模型船 ·

业余的船艇制作者很快就会发现尽管船艇看起来简单，但做起来绝非易事。然而，通过用木块切出船头和船尾，并用锡片或其他金属片填充船体，就能够制作出非常令人满意的作品。如图，在制作出船头和船尾后，可以使

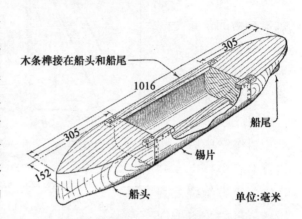

木条榫接在船头和船尾

1016

305

305

152

船尾

锡片

船头

单位:毫米

制作模型船的简易方法受到业余制作者的广泛青睐。

用木条将它们按照所需的间隔距离进行固定，木条分别固定在底部和两侧。在木块上钻出榫眼将木条紧紧插入其中。船首和船尾之间的空隙可以用锡片进行填充，将锡片固定到木条和木块末端，并在连接处安装橡皮条制成防水接头。此外，制作一个木制甲板。如果需要，还可以在上面添加桅杆、烟囱、炮塔或其他部件，这主要取决于制作的船艇是战船还是商船。

· 帆船模型的压舱物 ·

当赛艇艇长出海测速时，他常常会带着"活体压舱物"，那就是2到3名船员在必要的时候将走到帆船向风的一侧。这样能够使他用更大的帆布。使用图中所示的部件也能在帆船模型上产生同样的效果。取一根32毫米长、能够套在桅杆上的铜管。将一根铜片弯曲焊接在铜管上，

帆桁末端固定在铜片的两端之间。在铜管帆桁相对的位置上焊接一个铜臂，长宽约为帆船横梁的一半。将一个铅锤焊接在第二根铜臂的外端。

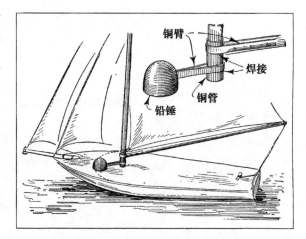

在帆船模型的主桅帆帆桁上安装简易平衡装置，取代"活体压舱物"。

制作完毕后，将铜管套在桅杆上，并在铜管上方缠绕几圈铁丝，以防止帆桁向上移动。铅制压舱物的合适重量要通过将船放入水中测试才能确定。

这个装置运动方式相当简单。当帆桁在风的作用下摇摆时，铅球会摆向向风的一侧，从而使船只在航行的过程中能够平衡风的压力。

· 模型桨轮船 ·

在草原上，恐怕只有为数不多的孩子会拥有属于自己的池塘。但在城市公园中会有小型的湖泊，在夏令营中会有水池，在森林中也有古老的

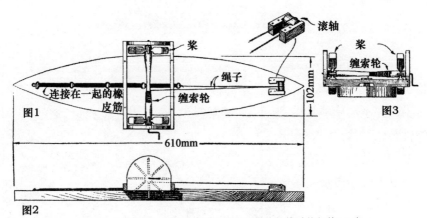

用曲柄"上发条"的橡皮筋动力装置能够将船推动航行约6.1米。

泉眼。如果这些都没有，那么孩子也仍然能够在浴缸中让小船尽情驰骋。图中所示的是一艘木制简易侧明轮船。用曲柄给船"上发条"，船能够航行4.6至6.1米的距离。如俯视图图1、

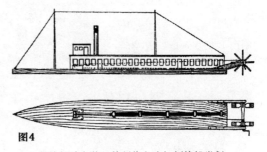

尾轮船动力装置的制作方法与侧轮船类似。

侧视图图2和后视图图3中所示，把一块厚木板将两端削尖制作成浮板。取一根扫把杆，将其切至适合插入船只框架的长度，制成缠索轮，然后与桨、铁丝轴和曲柄安装在一起。取第二根较短的扫把杆安装在船尾的木块之间，充当橡皮筋的滚轴。如图1所示，用一根绳子将这些部件连接在一起，然后将绳子一端系在船头，另一端系在缠索轮上。用硬纸板、木板或是锡片在船的顶部制成类似客舱和领航室的样子，并涂成相应的颜色，然后安装上桅杆和烟囱，完成整个船体的制作。图4中所显示的是尾轮船，其尾轮轮轴安装在两个支架之间。

·弹片驱动的玩具船·

弹片驱动的小船会给孩子带来极大的乐趣。制作小船并不需要非常精密的材料，只需1块木板、1对钢片，以及一些锡片。

将木板切成类似于船的形状，在尾部切出一个凹槽用于放置桨轮，桨轮的制作方法是将锡片插入刻有凹槽的木制轮轴中。用U形钉将轴的两端固定在船板上。如图，将2个弹簧片安装在船板相对的位置，一端固定在船板

使用钢片驱动的玩具船可以根据"上发条"的方向向前或向后航行。

上，另一端用绳子连接到桨轮轴的两端。在给桨轮旋转"上发条"时，绳子会将弹簧拉起，如图中所示。在将桨轮松开时，弹簧就有恢复到水平位置的趋势，从而拉动桨轮旋转，使船向前或向后航行。船航行的方向主要取决于"上发条"时桨轮旋转的方向。

·如何制作"水上滑板"·

用橡皮筋驱动的小型水上船充满创意，其尾部安装有一个船舵，船舵的作用与划艇尾部的独桨相似。

取 1 小片薄木板，将其前端弯曲，制成船壳，并在下方固定一个垂直龙骨。船舵，更准确地说是船桨，安装在龙骨后端的支架上。船桨的上端安装有一个带槽舵柄，舵柄与木制飞轮上的曲柄针相

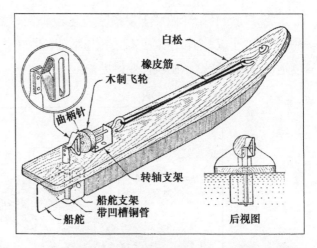

水上滑板用薄木板制成，前端微微向上弯曲，并依靠尾部驱动。

连。图中非常清晰地展示了飞轮、转轴和橡皮筋动力装置安装的方法，因此不需要细致的说明。船只已经准备完毕，现在只需将飞轮转动使橡皮筋紧紧地缠绕，以产生足够的动力使小船下水时能够前行。

· 弹簧驱动的玩具船 ·

使用一根弹簧作为侧轮船的动力，并用常规的方法制作船体。

将桨轮安装在一根硬铁丝的两端，铁丝的中间安装有一个直径13毫米的软木转轮。软木转轮安装在船的中部。另一个转轮-转轴组件安装在船的尾部，其中包括一个固定在线轴一端的带槽转轮，整个组件能够在用线钉制成的转轴上自由旋转。

弹簧的长度要能够使其一端固定在船头，另一端能够到达距离船尾转轮轴一半的位置。取一根结实的绳子，一端系在弹簧的自由端，另一端用曲头钉连接到线轴上。动力通过一根绳子制成的传动带传送到桨轮上。

　　将桨轮倒转给轮船"上发条"，直至弹簧被拉伸至两倍长。可以使用额外的2个或3个转轮来提高桨轮与驱动轮的转动比，这样就能很大程度地提高船的速度，使航程变得更长。

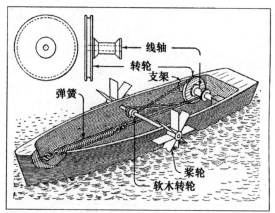

供孩子娱乐玩耍的弹簧驱动玩具船，制作方法简单，其零件不易损坏掉落。

动无止境

· 如何制作孩子的滚筒玩具 ·

取一个直径约51毫米、高51毫米或高于51毫米的锡罐或硬纸筒。如图1中的A所示，在罐子的顶部和底部距离中心6毫米的位置分别戳出2个孔，两孔相对。如图中的B所示，从一个孔向另一个孔切出一条曲线。取一个尺寸为25毫米×29毫米×32毫米的木块，将其切成图2中所示的形状。如图3所示，把一根橡皮筋固定在木

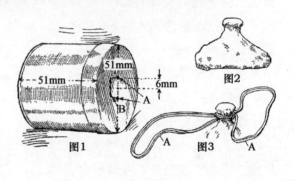

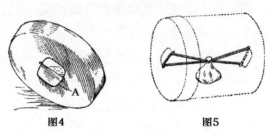

滚筒玩具。

块的颈部，橡皮筋两端自由。如图4所示，将孔A之间的锡片抬起，将橡皮筋的两端缠绕在锡片上。之后再将锡片放下压在橡皮筋上，将锡罐安装在一起，如图5所示。可以使用彩色纸条粘贴在罐子上对罐子进行装饰。在罐子滚出的时候，木块将橡皮筋旋转，从而存储推动力使罐子能够返回。

· 玩具铁轨的臂板信号系统 ·

只需要一些简单且易获得的材料就能制作出玩具铁轨上所使用的整套臂板信号系统。装置的桅杆用木材制成，臂板使用较薄的木板、硬纸板或金属片制成。如图，桅杆安装在一个小木块上。桅杆的底部用胶带或小金属夹固定了一个线圈，以此来控制信号。用几米长的电铃线，缠绕在一个小铜管上形成线圈。将一根细绳或线绳的一端连接在信号系统臂板上，另一端连接一小块铁或钢放置在螺线圈的中心。细绳的长度要使臂板抬起时

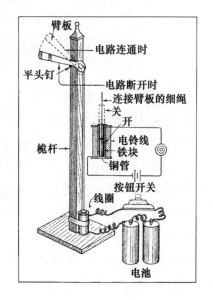

一端的金属块能够正好完全落入线圈内部。将线圈的两端连接在干电池和按钮开关上，这样金属块就会落入线圈的底部，而臂板将会抬升至"通行"的位置，如图中的虚线所示。如果电路断开，臂板将会落下，处于"危险"的位置。将铁轨的一部分与其他隔离，并将臂板信号装置与铁轨电路相连，在火车进入"禁止通行"的部分时，信号系统就会开始运作，这样就制成了自动禁行信号系统。

· 孩子们的可调手推自行车 ·

5到10岁的男孩子不喜欢做小女孩做的事情，例如骑着三轮脚踏车。他们的志向是拥有一辆属于自己的自行车，而这对大多数的男孩来

说是不可能的，因为街道上较为危险，而且他们很快就会过了使用自行车的年纪。图中所示的手推自行车就能够用来填补这个空白，只需要旧婴儿车上的两个轮子以及一些木板就能制作出来。如图所示，这个自行车与普通自行车的构造完全相同，但是没有踏板、链条和链轮齿。自行车依靠骑行者跑步推动进

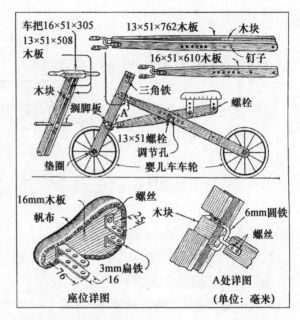

行驱动。随着所有者不断长大长高，可以通过将自行车车梁中部的销子拔出插入另一个孔来调节座位的高度。对于较小的孩子来说，也可以使用同样的方法将座位调整到离地面最近的位置。

手推自行车可以成为小男孩的一项运动。这个运动会教会孩子如何在车上保持平衡，为日后拥有真正的自行车做准备。

·孩子的游乐屋·

如果为孩子购买现成的游乐屋，那将会是一笔不小的开支。但如果按照这里所介绍的方法，就能够建造出一个大型的、廉价的游乐屋。

取30米的44毫米×38毫米的木板，将其锯成图中所示的大小。如果

木条之间用铁角架固定，比用榫接、钉子或胶水要简单得多。而且框架也会牢固很多。

框架制作完毕后，可以用粗麻布将其进行覆盖。粗麻布可以购得，而且价格低廉，最好选择绿色、红色或棕色。在将各部分连接一起之前应先罩上粗麻布。为了防止粗麻布脱落，在用钉子固定前先将麻布边缘窝在下方。

遮盖好的框架可以根据需要在室内或室外使用。在把它架起、并将两侧向后折叠后，它看起来就像是一个小屋。

取一块金属丝网筛在门上使用。如果表面黑色或深绿色的漆保持完好，也可以使用旧的网筛。将网筛钉在门的内侧。用铰链将各部分连接在一起。如图，将铰链安装到侧面框架的内侧、两个前端框架的外侧。用这样的方式安装铰链，就能将房子折叠而不会占据太大的空间。

如果要制作这样一间房屋，可以使用绿色粗麻布。沿门框和窗框的边缘将其涂成白色，就会让房子变得非常美观。

在窗户上安装一个小雨篷，也会让外形大有改观。门窗外的卷帘以及电铃会让房屋变得整洁、逼真。

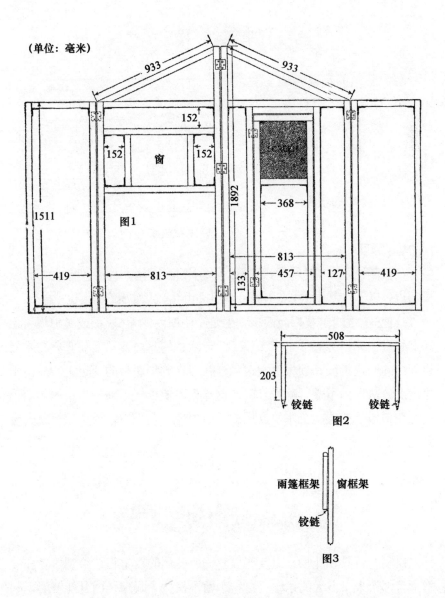

（单位：毫米）

933　　933

152

152　窗　152

1511

图1

419　　813

1892

368

813

457　127

419

133

508

203

铰链　　铰链

图2

雨篷框架　窗框架

铰链

图3

木条之间用铁角架连接在一起形成各个部分，各部分之间用铰链连接，使其能够折叠而不占据过多空间。在框架各部分盖上粗麻布使它们看起来更真实。右侧所示的是雨篷的结构图。

· 自制玩具存钱罐 ·

图中所示的小存钱罐虽然并不防盗，但如果想把它打开，只有将其损坏才可以。其制作过程对技术的要求并不高，但为手工艺训练提供了一个不错的项目，因为从中可以学到一些木工运用的基本原理。

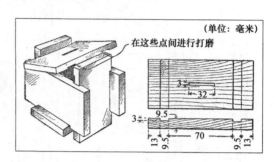

将6块木板组装成一个玩具存钱罐。

存钱罐的制作需要6块硬木板，尺寸如图所示。如果没有硬木，云杉木也可以。在其中的1块木板上切出投币孔，孔宽3毫米，长32毫米。

其他5块板的组装相当简单，但是图中所示的第6块板或是顶板将无法安装进去，因为底板卡槽卡住了两侧横置的木板，从而使竖立的木板也无法向两边扩展，顶板的一边就卡在竖直的那块板的顶边上。用凿子将这部分从上到下进行略微打磨，这样可以使顶板下降相当长的距离。这时在顶板上放置一个木块，用重锤猛烈地敲击一下木块，顶板就安装到位了。

· 装饰性玩具和盒子 ·

自制的玩具和礼物，以及盛放它们所使用的百宝箱，给制作者和被赠予者都带来了很大的乐趣。这些东西不仅抢人眼球，而且能够展现制作者在设计上的独特想法，这些想法往往只会受到技艺的约束。这里所描述的装饰性玩具以及盒子的制作方法仅供参考，其外形和设计可以有

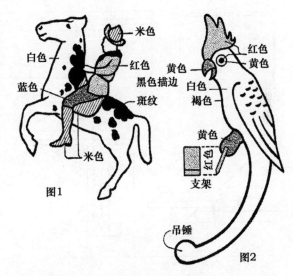

各种变化。

图1中所示的骏马和骑士采用了颜色亮丽的设计。将图形从薄木板上切下，然后为其涂上颜色。如图6所示，将涂了色的木板轮廓安装在一根弯曲的铁丝上，重心落在一端。将玩具悬置在壁炉台一角或书架上，为房间增色不少。骑士和骏马在高处平衡矗立、两只

将图片放大就能制作出骏马骑士和鹦鹉的轮廓。图中所示的颜色仅供参考，颜色可根据个人喜好进行选择。

前蹄向上扬起，即使是成年人也会情不自禁地去触碰它，使其摇摆得更高。图2中的鹦鹉也用类似的方法制作，其重心落在尾巴上。平衡点是鹦鹉的爪子，可以将爪子固定在吊架上，就像栖息的鸟儿一样。

制作这样的玩具所需的工具和设备很简单，一般都能够在小车间或工具箱中找到。图3中A所示的弓锯就是用于对木板进行切割。为了更好地使用弓锯，并且保护工作台不受到任何损毁，就需要制作一个锯板。最简单的形式就是如图中B所示，由一块厚22毫米、宽89毫米、长152毫米的木板构成，木板的一端带有凹口。如图7中D所示，用夹钳将其夹在工作台的一端。C所示的铁夹钳是最好的选择。图7中E所示的是另外一种锯台，图F中将其用台钳夹住，当木工想站着工作时，这种锯台非常实用。它是由宽89毫米的木板垂直固定在另一块宽度相同、长279毫米的木板上构成的，两块木板的接合处用一块宽35毫米的方形木块进行支

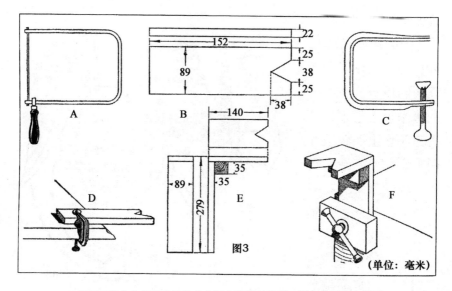

所需工具在大多数孩子的小车间中都能够找到，锯台的制作也相当
简单，详情如图。

撑。在任何一种锯台上使用弓锯时，都要如图5那样将木材放置在支架
上。在锯木时要向下拉锯，这样木板就能够牢固地压在锯台上。在锯木
的过程中速度要缓和，尤其是开始锯第一下的时候。在锯的过程中，操
作人员很快就会掌握使用锯子的技巧，并取得快速的进步。

　　首先要准确地画出需从木板上锯下的图形的轮廓。动物图形是很
不错的选择，也可以将书籍、杂志上的图形描绘在一张纸上。根据设计
图形切出一块大小合适的木板，在木板上垫一张复写纸。如果没有复写
纸，可以用铅笔在白纸上涂画来充当复写纸，在使用的过程中将涂画的
一面朝下。如图4，用大头针将复写纸和设计图纸固定在木板上，用铅
笔进行复写。应当将设计图放置在木板上，类似马腿这样的部分要顺应
木材的纹理，而不是与之垂直。

　　在设计图描绘完毕后，将木板放置在锯台上，设计图朝上。如图5

细致地将设计图案复制到木板上，然后用弓锯将图形在锯台上锯下。

所示，将木板牢牢压住，并在锯台的凹口处慢慢地锯入木板的边缘。只在向下锯的时候稍稍用一些力，因为向上锯并不能够将木板锯开。调整木板的位置，使锯子始终垂直于凹口。在锯的过程中锯子要始终垂直，这一点是非常重要的，因为这样才能够保证边缘的棱角。有了适当的细心和耐心，锯出的图形的边缘就会相当平整，只需要用砂纸稍稍打磨就能够让边缘光滑。图形锯出后，如果需要可以用锋利的小刀对其边缘进行修饰。然后用砂纸轻轻地将尖锐的部分打磨光。在这里，使用1/2号的细砂纸即可。接下来就可以给图形上色了。首先涂一层白色，漆干后再涂其他的颜色。

　　可以使用油画颜料进行上色，最后再涂上一层清漆或虫漆。上色的过程需要更多的细致和技巧，在上每层颜色的时候要使其充分干透，以免串色。水彩颜料也是不错的上色材料，并且易于操作。在商店中购买粉末状的水彩颜料，将其与水混合成奶油状就可以使用。黄色、红色、蓝色、黑色和白色的颜料各取一些就足以制作几个玩具。将颜色在调色盘上分别与水混合，然后使用小画笔进行上色。在为骏马和骑士上色时，首先将马完全涂成白色，白色干后，再涂上黑色的斑点。如图1所示，骑士的衣服涂成红色，裤子蓝色，帽子和绑腿为米色。米色可以将红黄白三色按照1：1：3的比例混合调成。如果需要色调暗沉一些，也可以添加1/4份的黑色颜料。骑士脸部的肉色用少许的红色和白色混合调成。在所有的颜色都干透后，使用画笔笔尖均匀地为图形描出黑色边框，其宽度不小于3毫米。鹦鹉的制作方法与骏马骑士类似，颜色可以参考图2。

　　如图6所示，骏马骑士的平衡点落在马的后蹄上，平衡物是用直径1.6毫米的铁丝连接的一个铅球。应当在马匹前腿后方把铁丝插入木板19毫米。对重物的重量以及铁丝的弯曲度进行调整，以取得平衡。鹦鹉的平衡也用同样的方法，不同之处就在于重物连接在尾部末端，尾部就像铁丝一样弯曲。

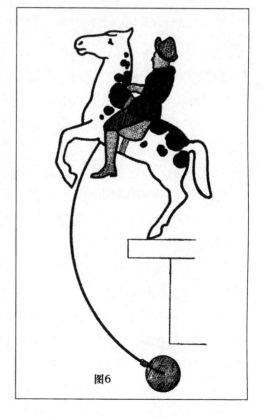

图6

　　这种自制的玩具可以放置在略经装饰的盒子中。盒子可以自制，也可以购买。如果选择较好的材料，制作出的盒子将会非常美观，本身可以作为礼物。这里将介绍盒子的整个制作过程，供那些想要自己制作的人学习。这里所给出的尺寸仅供参考，可以根据需要进行调整。

　　所需要的材料为：硬纸

板、封面纸、衬纸、铜板纸、糨糊和水彩。此外还需要小刀、剪刀、铁尺和装订胶。如果在商店或打印店中买不到所需的纸，也可以使用家中能找到的纸替代。

　　盒子的制作方法如下：确定盒子的大小，选择硬纸板和彩纸制作表面。如图7中G所示，剪一块边长318毫米的方形硬纸板。根据图7中G所示在硬纸板上进行标记，沿实线将纸板的四个角剪下。沿虚线折叠，将其折成盒子的形状。要使硬纸板保持盒子的形状，需要裁出长95毫米、

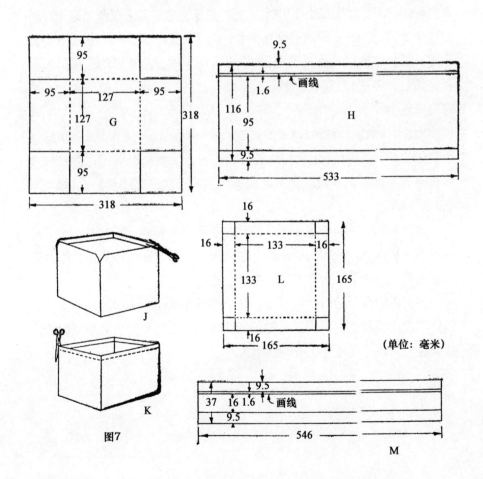

图7

（单位：毫米）

宽25毫米的铜板纸纸条，将其对折后粘贴在盒子的角上。首先给纸条涂抹糨糊，然后是盒子的角。在盒子外侧的角上粘贴纸条时，要用力压纸条，使其能够严密贴合。用这种方法对盒子的各角进行加固。

按照尺寸裁剪出所选颜色的封面纸（将作为设计的底色），并按照图示在纸上画线。在彩纸表面较长的两边均匀涂抹胶水（线条与边缘之间的9.5毫米宽区域），然后在盒子一面的外侧涂一层薄糨糊。将彩纸粘贴到涂抹糨糊的表面，用手压，并从中心向四边轻推以消除彩纸与盒子表面间的气泡。将彩纸上下9.5毫米宽的边压在盒子的上下两边缘上。重复这个步骤，将盒子的四面都粘贴住。为了让盒子角上的纸张能够折叠平整，最好在向下粘贴前按照图7中J和K所示的方法在纸的边缘剪出斜面。接着，将宽124毫米方形彩纸粘贴在盒子的底面，并将四边的边缘仔细修整。

取长508毫米、宽102毫米的衬纸。将其折叠放入盒子中，上边缘高于盒子约3毫米，小心地将衬纸边缘向内折入。将衬纸取出，涂抹糨糊后再次放入盒中，并将各角粘贴压实。然后在盒子底部粘贴宽124毫米的方形衬纸。

盒盖的制作方法与盒子主体部分的制作方法相同。图7中L和M分别显示的是制作盒盖所需的硬纸板和封面纸的尺寸。在此需要注意的是盖子的宽略大于盒子，这样才易于将盖子盖上。

在盒子完全干透后，就可以在盒子的顶部和侧面添加装饰物了。装饰物的设计可以使用不同颜色的纸张，可以做成树叶、花朵等类似的形状，也可以做成几何形状或动物形状。

· 迷你铁箍木箱 ·

在手工课上，男孩们对制作像箱子一样的小盒子情有独钟。这种盒子用途广泛，表面带有装饰性的金属部件，盒子根据制作者的喜好进行设计，可以用来容纳手套、手帕、首饰等。盒子内有丝绸内衬，并在表面打蜡上漆。这种箱子大部分是由橡木制成，而金属部分常常是用黄铜或紫铜，对于较小的盒子也可使用银。盒子的结构相当简单，在家庭工作室中就能够制作。可以参照图片制作出多种用途的盒子，并且也可以使用不同风格的金属进行固定。盒子非常适合当做礼物赠送给他人。此外，还可以在金属片上刻上被赠送者的名字。

最适合制作盒子的材料是充分风干的橡木，因为这种木材比较适合与金属装饰物搭配。制作中最好采用径切，因为这种方式更加美观，并且不易变形或扭曲。就大部分的盒子而言，9.5毫米厚的木板比较适宜，但对于较小的盒子，在方便的情况下应将木板切至8毫米厚。无论哪种类型的盒子，盒子各部件接合的方法都基本相似。图中所示的首饰盒将在这里作为一个范例。盒子的侧板与端板对接，紧紧地压在端板上，并用曲头钉钉住。用钉子将底板钉在侧板和两端木板之间，如果金属带安装在适当的位置，那么钉子就能够隐蔽在金属带的下方。将制作盒子的木料进行切割，并将所有的板材加工成以下的尺寸：每块板的厚度均为9.5毫米；顶板114毫米×191毫米；两块侧板48毫米×178毫米；两端木板48毫米×83毫米；底板83毫米×159毫米。

对各个木板进行仔细加工使其表面平整。在钉钉子的过程中要格外地细心，避免将木材的表面损坏。如果钉钉子的速度过快或是没有使用导向孔，那么就很有可能损坏木板。盒子的脚用9.5毫米厚、19毫米宽的木条制成，在不破坏尖锐棱角的情况下对其边缘进行打磨。用曲头钉将盒脚钉在箱子的底部，注意将盒脚木块的纹理与盒子一端的纹理重合，尤其是在金属带边缘无法覆盖木块的情况下。

　　盖子的固定用较小的平接铰链。挖槽将铰链卡在木板中，一半固定在盒盖底面边缘，另一半固定在箱子背面的内侧上边缘。一个更简单的方法就是将铰链都安装在盒子背面的边缘。在安装铰链的时候要注意铰链与箱子背侧对齐。在安装铰链前首先为螺丝钻孔。铰链的安装要格外地小心，因为盖子静止时是否水平以及是否与盒子边缘对齐都取决于铰链的安装是否到位。

　　在盒子的制作工作都完成后，用砂纸对盒子进行仔细打磨。打磨要顺着木材的纹理进行，并且注意不能将盒子的边缘磨圆。在安装金属装饰片的过程中要尽可能少地移动盒子，并且在安装完毕前用砂纸轻轻打磨除去污渍。在金属片安装完毕后，就可以对盒子进行最后的润色了。

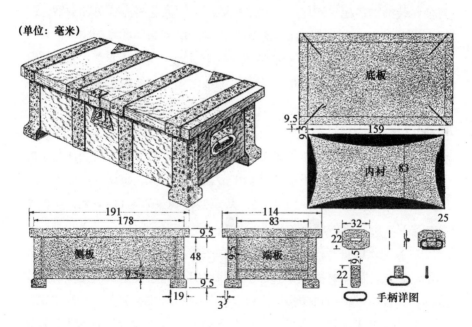

（单位：毫米）

首饰盒的结构是其他盒子中最典型的。图中详细介绍了盒子的把手。
右侧图说明了箱子底部的组装方法以及内衬的安装。

暖棕色或深橡木色最适合样式简单的箱子和金属装饰物。在盒子完全干后，就可以依次涂抹着色剂和填料了，用摩擦的方式用填料对盒子表面的孔进行填充。待填料干透硬化后，使用00号细砂纸对箱子表面轻轻打磨。不要使劲摩擦填料或着色剂，尤其是在盒子的边角处。外层抛光最常用的就是蜡。几层蜡会让盒子看起来非常有质感。

适合使用20号规格或更轻的紫铜或黄铜做装饰品。把手的详细情况如图所示。切一块22毫米×32毫米的挡板，将9.5毫米×22毫米的金属片弯曲，然后将铁丝把手安装在其中。其他的装饰带只是宽13至19毫米的金属片，将其安装在箱子上需要的部位。箱子可以使用各种各样的锁。对于技术娴熟的工人，制作如图所示的搭扣将会十分有趣。

在设计和制作金属装饰物上，每个人会有不同的风格。在安装金属片之前可以先将其图形在纸上剪下进行试装。需要注意的是，简单的金属带比那些绚丽的装饰物更适合这种普通的盒子。在确定了金属带的样式后，使用大剪刀将其从金属片上剪下，并注意让金属片边缘平齐，还可以使用锉轻轻地将边缘锉平。使用花纹钉将金属带固定在盒子上，钉子间相隔适当的距离，这样看起来更美观。钉钉子之前要在金属片上钻出或钉出钉孔。

盒子的金属片可以是平整抛光的，也可以使用圆头锤进行敲击，使其产生凹凸效果。但这一步以及其他对金属片的处理需要在将金属片固定之前完成。加热金属片，观察颜色的变化，通过这种方法能够让金属片呈现出有魅力的颜色。可以进行一个小测试，来判断从淡麦色到深紫色之间各种颜色变化所需的温度。最后还可以在金属片表面涂一层棕锈色或古绿色，使其看起来相当古老。如果没有进行这种处理，则需要在金属表面打蜡，使其保持光泽。

在盒子内添加丝绸或其他适宜材料制成的内衬。方法如下：剪下适合盒子内侧底部、侧面和两端的硬纸板。如图所示，在硬纸板的一面加棉絮衬垫，用丝绸将其覆盖，并用胶水将丝绸边缘粘贴在纸板的背面。轻轻将其弯曲放置在盒子内，并用胶水进行固定。在使用胶水的时候要小心，避免将丝绸弄脏。在盒子撑腿的底部粘贴毛毡或皮制脚垫，以确保撑腿底部清洁。

首饰、手套和手帕盒是最为流行的盒子，尤其适合作为礼物赠送他人。它们的尺寸分别为：首饰盒，70毫米×102毫米×191毫米；手套盒，83毫米×127毫米×330毫米；手帕盒，102毫米×152毫米×254毫米。当然，也可以设计出用于其他用途的盒子。盒子可以选用桃木、红木或其他密度适宜的木材制作。

娱乐天地

· 旋转拍板 ·

这是一个适合于万圣节或其他场合使用的噪音发声装置，按照这里所介绍的方法就能将其制作出来，首先要制作的是盒子。盒子用13毫米厚的木板制成，由两端木板和侧板构成。两端的木板为38毫米的正方形，侧板宽38毫米、长152毫米。用钉

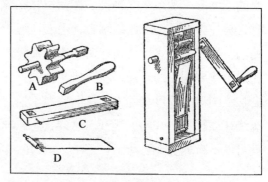

图中说明各部件的详细情况以及如何将它们组装制作成拍板。

子将它们钉在一起，两端木板压在侧板上。

齿轮A使用直径为38毫米的硬木圆柱制成。用刀子在圆木上平均刻出8个凹槽。如图，齿轮安装在盒子上端直径9.5毫米的木轴上，并将其与木轴粘贴在一起。将木轴的一端制成方形，并突出盒子约25毫米。将厚19毫米、宽25毫米、长102毫米的曲柄C套在方头上，并用曲头钉和胶水进行固定。在曲柄的另一端安装一个如图中B所示的把手。

取一个宽13毫米的钢弹片，其长度能够从盒子下端触碰到齿轮A的轮齿即可。形状如图中D所示。用钉子钉透侧板将弹片固定在盒子的一端，在钉子上方约51毫米的位置钉入第二根钉子。这根钉子钉在弹片上，以使弹片卡在轮齿的一端具有张力。

使用拍板时，将其竖直放置。右手抓住把手，顺时针旋转。

· 印式悠悠球的制作与使用 ·

东印度的印式悠悠球用13或19毫米厚的线轴及2块直径102毫米的锡盘制成。将线轴用钉固定在2块锡盘的正中心。将长0.9至1.2米的细绳的一端系在线轴上。在使用悠悠球时，首先将绳子缠绕在线轴上，手握住绳子的另一端。将悠悠球甩出，使其快速下降，在绳子快要用完的时候，将球快速拉回。这会加大圆盘的速度和动力，从而使绳子逆向缠绕在线轴上，并向上爬升。这样，悠悠球就可以不断地上下运动。

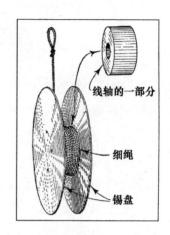

线轴的一部分

细绳

锡盘

· 旋转的樟脑 ·

图中所示的小装置依靠樟脑驱动。它能够让装置转动数日，直至樟脑消耗殆尽。

旋转装置制作方法如下：取一块13毫米的方形软木块，在木块四面插入针，在针的另一端插上更小的软木块，用蜡将樟脑块固定在小软木块上。要注意避免让针沾上油或油脂，这样会减慢它们的移动速度。在将这

个装置放入装有水的盘子后，它便会开始旋转，一直持续到动力消失为止。此外，可以在中间的软木上插入小旗子或其他的装饰品。

第四章
少年儿童的专享娱乐

乐由智生

· 跳跃吧，小人！ ·

跳跃的小人摆脱了传统的盒子，这将给家里的少年儿童带来无穷的乐趣。制作这一玩具的材料也只不过是几张纸板和一些橡皮筋。取3张大小相等的硬纸板，将其中的2张放置在一起，并在纸板上下两端的中央各划开深约13毫米的小豁口（如图所示）。取2根较长的橡皮筋，将橡皮筋剪断，把其中一根橡皮筋的两端从一张纸板的豁口穿到对面纸板豁口处，另一根橡皮筋留以备用，以防橡皮筋断裂。这样，玩具不仅能够不间断使用，倒置使用也同样不成问题。

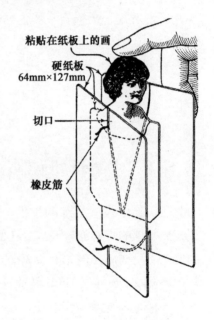

粘贴在纸板上的画

硬纸板
64mm×127mm

切口

橡皮筋

在第三张纸板的一端画大小适宜的小人画像，沿画像边缘把纸板的多余部分剪去。把带画像的纸板从两纸板中间插入，画像端朝上，向下按，当松手时，纸板小人会借助橡皮筋的弹力从纸板上端跃出。

· 牙签"爆竹" ·

这一特别的"爆竹"是由6根牙签制成的，完全没有任何危险。将牙签如图所示放置，中间两根成"十"字的牙签给其他牙签施加了相当大的压力，而同时又使所有的牙签固定在一起。要"燃放爆竹"时，首先要将其放在手中，将一角用火柴点燃，随着牙签一角慢慢燃烬，牙签会在张力的作用下飞弹出去。需要注意的是，这一实验不应在易燃地点进行，在点燃"爆竹"时，燃放者要注意保护自己的眼睛。

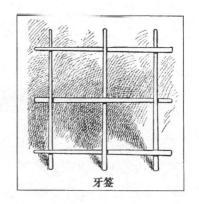

牙签

· 如何制作纸质热气球 ·

在制作小型热气球的过程中需要使用可燃材料，鉴于存在火灾隐患，热气球的点燃和放飞需要在成年人的监督下进行，并且要采取适当的安全防护措施，例如准备灭火器。热气球应当仅在水面上方放飞。制作此类热气球，最好将其做成球形或是设计成一般航空家所使用的热气球的样子。形状奇特古怪的热气球往往不能顺利升空，在大多数的情况下，它们会在飞离还未太远前就被火点燃。下面就来介绍如何用薄纸制作高1.8米的气球。

图1

纸气球。

可以选用多种色彩的纸张。将彩纸剪成三角形纸条，并交替粘在一起，这会让飞行中的热气球看起来色彩斑斓。较好的气球外形如图1所示。制作1.8米高的热气球所需的三角形纸条每个长约2.4米，或超出热气球高度的1/3，其最宽处宽为406毫米，而最宽处应距离底端1.4米，或位于热气球中间稍偏上的位置。三角形纸条底部的宽应为其最宽处的三分之一。三角形纸条的尺寸和形状见图2。

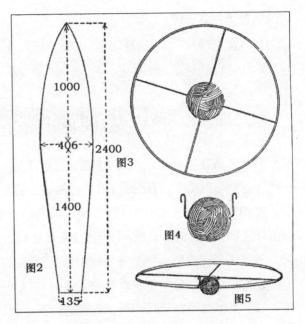

做气球的各个部件。（单位：毫米）

　　热气球由13条三角形纸条粘合而成，边缘粘合重叠13毫米。使用较好的粘合剂，比如使用将面粉和水混合煮沸后得到的混合物。如果三角形纸条正确地粘在了一起，那么顶部一端会完全收合，而底部一端将会形成直径约500毫米的圆形开口。将一个同等大小的轻木质圆环固定在热气球底端。如图3所示，把两根铁丝交叉固定在圆环上，用来搭放棉芯球（见图4），使其能够像图5所示那样挂置。棉芯球的制作是将棉芯缠绕在铁丝上，并把铁丝的两端弯成如图所示的钩状。

　　气球的内部需要充满了热空气，充气方式与为布制气球充气相似。用砖块垒成壕沟或壁炉，并在上面架起烟囱，将纸质气球的下端开口放在烟囱上方。使用不会产生太多烟的燃料进行加热。抓住气球，防止被烟囱内冒出的火焰点燃。用酒精完全浸透棉芯球。当气球内充满热空气时，将其从壁炉上移开，并将棉芯球挂在十字交叉的铁丝上，并在成年人的监督下将其点燃。

在气球刚刚起飞时，要注意尽可能使其垂直飞离地面。

· 转动的圆环 ·

将圆环放在信封里，当别人把信封打开时就会被里面转动的圆环吓一跳！这一玩具的主要部分由1根铁丝制成，将其弯曲成如图A所示的样子，宽约50毫米，长约102毫米。制作或购买一个直径约50毫米的非闭合圆环（例如钥匙环）。使用2根橡皮筋（B）将圆环与铁丝A相连。

将圆环多次旋转，直至每根橡皮筋紧紧地纽绞着，然后将其平放在纸中，像折信纸一样将纸进行折叠。这时候就可以把它放进信封里交给别人啦，当信纸被打开时，剩下的就交给圆环吧！

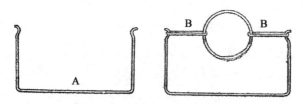

铁丝的形状及用橡皮筋连接铁丝和圆环。

· 可以"吹"的纸立方 ·

纸立方不仅制作简便，而且能够给孩子带来极大的乐趣。首先取一张正方形的纸，按照图1中虚线所示将A点与D点、B点与C点分别进行对折。再将纸平展开，沿E点、F点将纸反向折叠。再次将纸平展开，然后折叠成图2和图3所示的形状。将A、B、C、D4个角按照图3所示的虚线进行折叠，分别与图4中的G点重合。当4个角都折完后，会呈现出如图5所示的形状。按照图5中的虚线将4个角向中线折叠，折成图6所示的形状。然后按照图6中的虚线将A、B、C、D4个角弯曲折入夹层中。折成图7所示的形状后，在立方体的另一端就会出现一个小洞，往里吹气后，立方体慢慢就会"肿"起来。最后就会变成图8所示的样子！

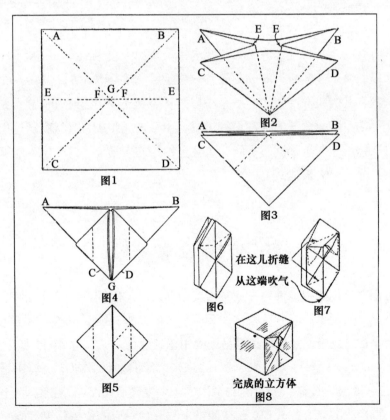

用一张正方形的纸就可以轻易制作一个可以吹起的纸立方。以上图示就介绍了制作过程中的每个步骤。

· 盒子中的军队 ·

正如图片所示，这个玩具不仅乐趣多多，制作过程也很有趣。如何来制作这个玩具呢？首先取一个大小适中的盒子，在盒子的两端各固定一面镜子，在其中

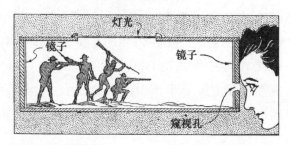

在镜子的帮助下，几名士兵就能产生一支部队的效果。

一端打开一个窥视孔，并将窥视孔内镜子背面的水银刮掉。在盒子内沿侧边以25毫米或50毫米的间距散置一些士兵、战马等，并用其中一个遮住对窥视孔的镜面反射。当一个小男孩从窥视孔中望去时，他会看到无穷无尽的军队。盒子的顶部设有天窗，由毛玻璃制成，光线就从这里透射进入盒子。对于那些不了解这个盒子结构的人来说，这个玩具能够迷惑大部分人。快来试试吧！

· 靶环记录器 ·

在射击训练中，神枪手通常需要借助靶牌才能知道子弹是否打中了靶心。草图所示的能放置在常用靶牌后方的装置，能够在私人射击场上达到满意的效果，并且能够轻易地应用在其他场合。

如图1，A是长203毫米、宽102毫米、厚6毫米的木质底座，B是长165毫米的接合铰链，通过高35毫米的木块安装底座A上。在底座A上开一个直径为38毫米的开口C，在铰链上与开口对应的位置用铆钉固定一个边长44毫米的正方形金属板D。从电铃上取下一个电磁铁E，固定在

底座A上，使电磁铁E刚好在铰链较小的一端。将带有横臂G的水平杆F
固定在开口C和电磁铁E之间的底座上，并用带有防松螺母的翼形螺钉
穿过横臂G，靠近铰链后侧，便于调节电磁铁中心和铰链间的距离。如
图，通过电池线路连接一个电铃或是蜂鸣器H。将电磁铁接通电源，然
后按下按钮J。

　　一般来说，铰链会落在电磁铁上（电磁铁在通电的情况下会产生磁
性，从而使铰链吸附在电磁铁上）。任何穿过开口的子弹在打击到金属板
D时所产生的力会接通电铃线路，从而告诉神枪手弹眼已经打在靶子上。
通过断开电磁线路，铰链将恢复到正常位置，电铃线路也将断开。图2展
示的是装置中有铰链的一侧。如图3，这一装置能够安装在任何合适的盒子
内。盒子前侧盖有厚1.6毫米的金属片，然后再在上面贴上标准靶纸。

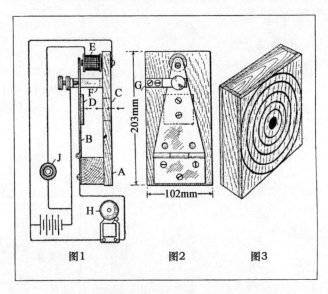

子弹迫使铰链接触螺钉，从而使电铃发出声响。

· 翻滚的 "兔" 靶 ·

图中所示的翻滚 "兔" 靶主要用于弓箭射靶练习。但是，如果将描述中所提到的木质部件替换为铁片，那么这个靶子也能很好地适用于小口径的步枪射击训练。

将兔子画在一个长610毫米、宽254毫米的木板上，其靶环和靶心位于中心略偏右的位置；在木板上钻出38毫米的孔即为靶心。

将靶子用传动轴安装在51毫米×152毫米的板桩上，以便于能够自由翻转。传动轴用长约304毫米的天然气管即可。将传动轴从板桩上钻出的孔穿过，并用管法兰将其固定在靶子的背面。在板桩的两侧各安装一个垫圈，并且在板桩两侧的传动轴上打孔安装弹簧销（又名开口销），使板桩和靶子之间保持适当的空间，便于启动装置的运转。

启动装置的制作就是在一片弹簧钢的两端交错地固定两个木块。将一个木块钉在板桩上，钉的位置要使另外一个木块恰好位于靶心的正后方。在靶子的背面有一个钉子，钉子挡住位于靶心后方的木块，从而使兔子保持竖直的状态，直至启动装置被击中后打开。

翻滚的效果主要通过图中所示的重力装置来产生。将一节结实的麻绳缠绕在板桩后面传动轴伸出

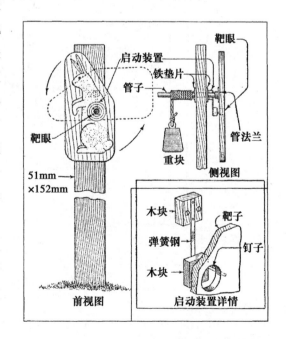

启动装置
靶眼
铁垫片
管子
靶眼
51mm
×152mm
重块
管法兰
侧视图
前视图

木块
弹簧钢
木块
靶子
钉子
启动装置详情

的一段，并在绳子的另一端系一块重物。在启动装置被射中之前靶子会保持静止的状态。射中启动装置后，在重物重力的作用下绳子从传动轴上解下，兔子翻转一周后，启动装置上的木块会再次被靶上的钉子挡住，从而使靶静止下来，并保持竖直的位置。

在绳子完全被解下前，翻滚的兔子能记录靶心被击中10到20次。记录的次数主要取决于传动轴上绳子缠绕的圈数。

· 玩具枪的射击场 ·

想要提高使用玩具枪、吹箭筒、豌豆、弹子或木飞镖等无害武器的射击技巧？在图中所展示的这种靶子上进行练习就能够轻松实现。制作所需要的材料只有晾衣服用的夹子、线轴和一些铁丝。将夹子串在一根硬质铁丝或小杆子上，每两个夹子间串一个线轴。如图，将串有夹子和线轴的铁丝或杆子固定在盒子中。在夹子后方、比夹子下端略高的位置放置第二根铁丝，使这些夹子保持竖直。这根铁丝放置的位置应当使夹子略向前方倾斜。如果这些夹子被

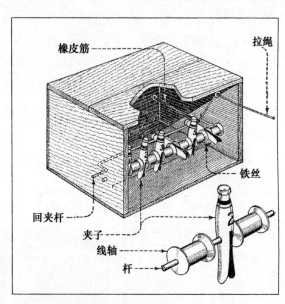

用这个装置练习可以帮助年轻的枪手提高枪法，应使用较为安全的弹珠和豌豆。

打到，夹子会倒在后方的回夹杆（使夹子保持竖直的铁丝）上。这个回夹杆由硬质铁丝弯曲而成，用橡皮筋固定，以使其保持水平。当所有的靶子都被打倒后，或是一位射手的回合结束，可以通过拉系在回夹杆上的细绳使夹子重新竖立。如果需要，可以将夹子涂上颜色并标记上数字。

· 发光的靶箱 ·

在打靶练习中，判定子弹的上靶位置总会耽误时间，这往往会使打靶练习的乐趣大打折扣。这不仅耽误时间，而且频繁走到靶子跟前检查令人相当不悦。要解决这个问题，可以建造一个发光的靶子，这样射手不需要离开射击点就能准确定位每一个子弹的上靶位置。制作这个装置，首先需要一个大小适宜的盒子。在盒子的一侧以最大的半径切下一个圆孔，以此作为靶上最大的一环。在相对一侧放置一块遮挡子弹的铁片。将铁片和箱子内部都涂成白色的。如图，在盒子内放置4盏电灯，使它们的光能穿过圆孔。如果需要，也可以使用蜡烛。在放置灯时，要确保它们位于打靶子弹射程范围以外，并使用铁盘进行保护。在厚纸上画出靶子，将其固定在圆孔的前端。在射击时，将灯打开。当子弹穿过靶纸时，光束就会从弹孔中射出，从而能够确定子弹上靶的位置。

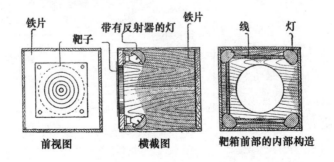

前视图　　　　横截图　　　靶箱前部的内部构造

· 自制夏威夷四弦琴 ·

独弦的班卓琴、雪茄盒制成的吉他以及那些类似的乐器已经比不上动感撩人的夏威夷四弦琴了。家庭技师要想在乐器工艺上与时俱进，就必须做做夏威夷四弦琴。乐器的大小特别适合使用雪茄盒充当琴身。制作这把精巧的四弦琴所需的材料，可以细心地从废品站找到，从而不用花费分文。质量较好的西班牙雪松制成的雪茄盒，大小为64毫米×152毫米×229毫米（如图1），可用来制成琴身。将雪茄盒表面的纸层去除，以免影响表面美观，如果必要可将其进行浸泡。将雪茄盒拆分，如果钉眼太多或粗糙，可将边缘进行修整。如图2所示将琴身的各部分组合在一起。将上下两片琴板压在侧板和两端琴板的边缘上，两端琴板置于侧板内。在上琴板距离琴颈末端95毫米处开一个直径64毫米的孔，如图2所示。为了加固琴身，使用长宽都为6毫米的衬条A，将其用胶粘贴在上层和下层的边角处。使用6.4毫米×16毫米×114毫米的衬条B粘贴在上层的下侧和下层的上侧，见图2。这些部件的最终组装和粘贴要使用动物胶，并且需在弦桥已安装完毕、其他部件制作好了才可进行。弦桥用硬木制成，凹口边缘下部中空，并在琴弦接触面安装有金属片，详情见图。

如图3所示，西班牙雪松或红木适合制作琴颈。琴颈最好取一整块木材，但弦钮延伸部、琴身与琴颈下端连接的较宽处可以用胶与琴颈相应部位进行连接。使用销子对连接处进行加固。图3说明了琴颈的各部件。在截面图中，琴颈的最薄和最厚处用两条向上弯曲的虚线表示。如图，弦枕D用红木、桃木或其他硬木制成，纹理是纵向的，并根据图

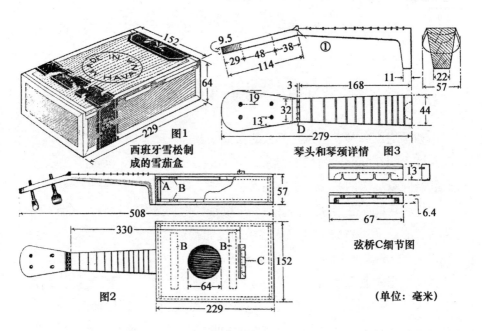

图1
西班牙雪松制
成的雪茄盒

琴头和琴颈详情　图3

图2

弦桥C细节图

（单位：毫米）

为了在乐器的制作技艺上与时俱进，家庭技工可以制作图中所示的雪茄盒四弦琴。

示在弦枕上以一定间隔留下琴弦凹口。品柱由铝制成，也可用铜或其他金属，其制作和间隔要格外仔细。品柱宽1.6毫米，长5毫米，在琴颈上为品柱刻出3毫米深的凹槽。品柱的间隔距离的确定方法如下：先准确测量出弦桥上的琴弦金属接触面与弦枕间的距离（图中距离为330毫米），第一品柱距离弦枕的距离为该长度的1/18。第二品柱与第一品柱间的距离为第一品柱与弦桥间距的1/18；第三品柱与第二品柱间的距离为第二品柱与弦桥间距的1/18，以此类推下去。品柱要紧紧插在凹槽中，而不需要进行特别的固定。调音弦钮可以买或自己制作。

在对部件进行组装时，用胶将琴箱的一端与琴颈固定，并用螺母进行加固。将其上端与指板齐平，这样在安装琴箱面板时，指板与琴箱面板就水平了。组装琴箱时琴箱上先不安装面板，直接将琴箱粘贴到琴颈上的连接块（较宽一端）。当这一部分完全干后，才将琴箱面板放置上去，并用胶粘贴。对整个乐器进行清洁、砂纸打磨、上色、并涂虫胶或清漆。四弦琴上弦很简单，可以购买成套的琴弦。

·　制作吉他"so easy"，你会吗?　·

家庭技工能够做出棱角分明、款式古老的吉他。如果小心地选择材料，并保证材料完全烘干，制作成成品的乐器将会有悦耳的音色。用硬木（硬枫树木材为佳）制作吉他的侧板、背板和端板，面板用完全干燥的软松木制成。所需材料见材料清单。

将指板切成一头宽一头窄的锥形，用U形细铁丝固定从帽针上截取的部分制成品柱。草图上标示了吉他各个部分的尺寸。制作琴颈时，将木料由G到F和J到F制作成锥形，其背面为圆弧状，使用刮刀进行制作较为适宜。切出一块6毫米见方、长48毫米的硬木块，将其粘贴在琴颈的F处。将指板粘贴到琴颈上，并在胶凝固的过程中将其用夹钳夹紧。在D处的支撑板厚度为25毫米，可以根据要求做成任意形状。将侧板粘贴在一起，然后把面板粘贴到侧板上面。在面板上放置一些重物，待胶干透。将小块软木固定在琴箱内的拐角作为支撑架。把琴颈粘贴到琴箱上，并在A点用车身螺栓进行加固。在端板上（位置见图）粘贴一个小木块C，以对车身螺栓起到加固作用。如图中的K所示，用软木条对面板和背板进行加固。最后将背板粘贴上去，并用砂纸进行打磨。

将弦桥固定在面板上，使弦枕F和弦桥E的距离恰巧为610毫米。这个距离和品柱间的距离要极为精确。在弦桥上为弦桥栓钻出6个直径为5毫米的孔。而调谐杆B和琴弦则可以再任何一家乐器店买到。

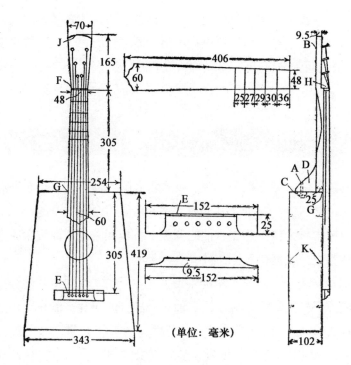

（单位：毫米）

吉他的细节图。

材料清单：

1个面板，4.8毫米×357毫米×431毫米；

1个背板，4.8毫米×357毫米×431毫米；

2个侧板，4.8毫米×92毫米×425毫米；

1个端板，4.8毫米×92毫米×333毫米；

1个端板，4.8毫米×92毫米×244毫米；

1个琴颈，25毫米×59毫米×470毫米；

1个指板，4.8毫米×67毫米×406毫米。

· 音乐风车 ·

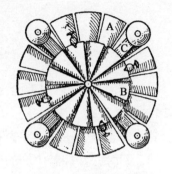

　　用易拉罐制作2个风车，大小可以任意，但是风车A要大于风车B。如图，在风车A上固定两根木条C，木条经过中心且相互垂直，在两根木条的两端各固定一个铃铛。较小的风车B必须要与风车A相分离，可以用圆木块或是旧线轴。在风车B上系上4个带有扣环的纽扣。将两个风车的叶片弯成相反的方向，这样在转动时风车就会转向不同的方向。风车旋转时，纽扣会敲击铃铛，从而使它们不断发出声响。

游戏狂想曲

· 雪 蛇 ·

如果询问加拿大印第安人什么是雪蛇，他们会告诉它是一根1.5或1.8米长、25毫米粗或是更粗的扭曲木头，例如野生的葡萄藤条，将其去皮、抛光。一只手握在雪蛇的中央，另一只手抓着尾部猛力向前推，同时松开握着中间的手。玩这个游戏的最佳条件就是较硬的地面上覆盖有25毫米或更多的轻薄雪。这时，会玩的玩家将雪蛇扔出时，雪蛇可以向前滑行相当长的距离。雪蛇以较快的速度向前滑行，其左右两侧受到摩擦，蛇头时上时下，这对于初见雪蛇的人来说，这像极

把雪蛇扔进用圆木划出的轨道中。每名选手都试图让自己的雪蛇首先抵达轨道的尽头，以更多取胜次数来赢得对手。

了真正的爬行动物。

　　当当地的印第安人要用雪蛇进行技能测试时，他们会用圆木在雪上划出轨道。有时会出现十几条轨道并行，而十几条雪蛇同时被投出的场面。在每轮比赛中，雪蛇首先在轨道尽头出现的视为获胜，而在经过几轮投掷之后，获胜次数最多的人将会获得奖励。投雪蛇一点也不难掌握，是一个激动人心的游戏。

· 技能挑战：桥下的弹珠 ·

　　这个游戏的玩法就是要让弹珠从"道路"的一端穿过"桥"底、经过"起伏路面"，在不掉落的情况下抵达"道路面"的另一端，而且在遇到每个洞孔的时候必须要停顿一下。这个玩具的做法如下：取两根长305毫米、厚6毫米、宽44毫米的木料，将它们连接在一起形成直角。剪切出4片44毫米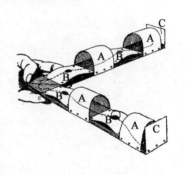×64毫米的硬纸板，并在其中央剪出直径19毫米的孔，制作成起伏路面B；剪切出4片44毫米×76毫米的硬纸板制作成桥A。此外，再剪出2片44毫米的正方形纸片，用作是道路两端的遮挡物C。按照图中所示将它们固定在道路上。弹珠的大小要确保它能够停留在孔B上而不会掉落。

· 磁化的西洋跳棋 ·

　　玩西洋跳棋的人都知道要想把棋子弄得一团糟是多么地轻而易举，

而这往往会发生在游戏最有趣的时候。右图就向我们介绍了避免这种情况发生的两种方法。第一种方法需要用表簧制成的小磁铁，将其安装在棋子的底部。准备一块金属板。用老虎钳将3、4个棋子夹在一

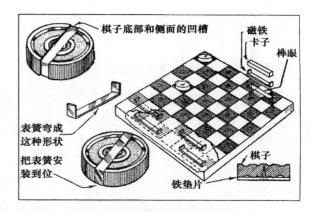

使用磁铁是为了防止棋盘上的棋子变得凌乱。

起，根据图示在棋子对称的两侧锉出凹槽。取几根厚度适宜的表簧（厚度不超过6毫米），将其进行切割和弯曲，使其正好能够放进凹槽内，并牢牢地卡在棋子表面。将这些表簧与普通的马蹄形磁铁接触，使它们磁化。使用这些棋子的棋盘可以是普通的棋板，在上面镀一层铁即可，或是使用镀锡薄板，并在上面涂画方格。也可以使用同样的方法给国际象棋的棋子安装磁铁。

第二种方法是将磁铁嵌入棋盘中。这是一个值得推荐的方法，因为可以使用较重的磁铁，这就意味装置将会更加牢靠，使用寿命也会更长。如图所示，在棋盘上刻出榫眼，使磁铁的两端位于两个黑色棋格的中央。通过上文所描述的方法制作、磁化磁铁，并将其放入榫眼内，然后再塞入木块将棋盘的剩余部分进行填充。在所有的磁铁都安装完毕后，对棋盘进行磨光，使磁铁紧贴棋盘的上表层。为了使磁铁对棋子产生磁力，可以参照图示使用小螺丝将软铁垫片安装在棋子的底部。

· 室内棒球 ·

室内棒球可以在1.5米×1.2米的木板上进行。在木板的一端画一个内场（菱形），并在木板上钉上大头针代表击球得分点，这样大头针就会立在表面。使用伸缩式钻头在木板上钻

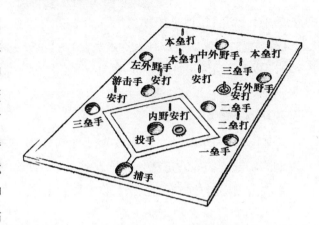

出凹孔，深度为木板厚度的一半。凹孔要足够大，易于圆环落入。圆环可以使用垫片，或用绳子制成，内径约为76毫米。

这个游戏仅能两人一起玩。根据房间的大小，投掷者站立在距离木板3至30米的位置，将该位置进行标记，以确保另一名投掷者也站在同样的位置。如果圆环被扔到了安打或二垒打的大头针上，就表明安全进垒。当然，如果圆环落在了本垒打的针上，说明就得分了。内野安打表明进垒成功。若圆环落在了凹孔里，那么一人出局。选手必须玩到他有三个选手出局。每次跑垒的得分将会累计。

· 投球入桶 ·

这是一个全新的室内游戏，规则与常规的棒球基本相同，是充满乐趣和刺激的消遣活动。在常规的棒球比赛中，跑垒得分需要一定的技术水平，但在这里就不存在这个问题，即使是不会玩棒球的人，也会像职

业联赛中的最佳选手一样在赛场上有突出表现。

任何略微懂得使用工具的人就能够制作山游戏所必需的部分。所需要的工具就是1把锤子和1把锯子。所需的材料包括一些饰面钉、3块长1.8米、宽51毫米、厚25毫米的木板，2块长457毫米、宽102毫米、厚25毫米的木板，4块长610毫米、宽51毫米、厚25毫米的木板，2块长457毫米、宽51毫米、厚25毫米的木板，2块102毫米见方、厚25毫米的木块，以及4个木桶。

如图1，制作长1.8米、宽457毫米、高610毫米的无背板框架。将4个木桶的底部均匀地固定在一条长木板上。取两个102毫米见方的木块，在木块上锯出斜角45度的凹槽，将木块固定在上层挡板的适当位置处，

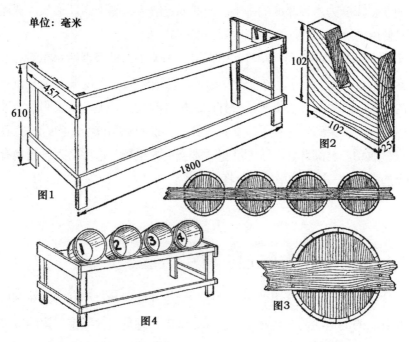

单位：毫米

图1　图2　图3　图4

框架的后侧没有安装支架，将桶成斜角安装，这样增加了将球掷入桶中的难度。

选手必须要将球投入桶中，并使球停留在其中，根据桶底部的分数得分。

然后将固定有木桶的长板卡入到这两个木块内，而木桶的上部架在框架前侧的上层挡板。

游戏的规则如下：取3个棒球。比赛选手站立在距离木桶前方约3米的位置。每名或每队的选手在每局中无论跑垒得分多少都只能够掷球三次。投球方式不限，但低手抛球的成功率最高。木桶上分别标记1至4的数字，代表一垒、二垒、三垒和本垒。球所落在的木桶里就表示安打的情况。比赛的计分采用常规比赛的模式。例如，如果一个球掷入2号桶，而第二个球掷入3号桶，那么第一个人将会跑回本垒，计1分，并且留一个人位于三垒。如果第三个球掷入4号桶，那么三垒上的选手就能回到本垒，加上击出本垒打的选手得分，这一局可以得三分。跑垒的分数计算要根据掷球情况来决定。

· 家庭保龄球的整瓶器 ·

这个游戏非常有趣，保龄球所需的用具以及成套的小瓶（10个）都可以在商店中买到。然而，最大的问题就在于对球瓶的整放。如果有了图中所示的小支架，那么游戏的趣味性就会大大增加。这个装置不仅能够快速将球瓶摆放到位，而且能够确保球瓶之间保持适当的距离。其制作方法非常简单，取一块三角形木板，根据球瓶的大小在合适的位置钻10个孔，然后在三个角上各安装一个支腿。将球瓶放入孔中，然后将支架移除。

所有的球瓶都快速摆放到位，并都位于合适的位置。

· 室内游戏的计分板 ·

图中所示的是一款非常好用的计分板，适用于室内进行的篮球比赛以及其他比赛。这个装置完全用木材制成，但其内衬需要使用衬板或遮罩。装置的大小可自行决定，但1219毫米长、610毫米宽、457毫米深的尺寸比较适宜。盒子的后侧两端各固定有长762毫米的夹板，夹板在盒子顶部露出76毫米，可用于将计分板固定在墙上。图1所示的是装置的构造，图2为端视图。

盒子的正面用螺丝固定，以便于在维修时易于拆卸。如图3所示，盒子正面安装有用于插入分数牌和"主场"、"客场"牌的框架。因为"主场"和"客场"牌是永久性使用的，所以就将它们固定在盒子的前面。与之相邻的是用于插入分数牌的框架，如图4所示，分数牌从框架侧面插入。

　　数字和汉字可以刻在硬纸板或锡片上。如图5所示，刻出的字棱角分明，用凿子就能轻松完成。凿刻的方法见图6。在凿刻的时候需要注意的是，如果将有

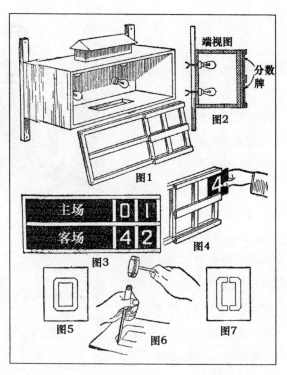

图上所示的是室内记分牌及计分所用的字母、数字的制作方法。

些汉字和数字的周边完全凿刻，就会导致其掉落，例如"0"。因此，要采取适当的措施使其能够固定在原有的位置，方法就是在凿刻时留出一部分不凿刻，如图7所示，这样"0"就能固定在卡片上了。

· 用弹球、棋子玩"棒球" ·

　　取一块406毫米×203毫米的轻木板，按照图中所示的位置在上面钻出5个直径为25毫米的孔，并用木块将一端垫起。上端的2个孔为"一垒孔"、

在其下方的孔依次为"二垒孔"、"三垒孔"和"本垒孔"。在这些孔的周围插上大头针，大头针的位置是不规则的，但是要确保大头针之间的距离足够使弹球通过。

在纸板上画出球的内场，并标记3个垒和本垒。2名选手每人各有9个棋子，相当于参赛队员。

在游戏开始时，1名选手将一个棋子作为击球手放在本垒的位置。然后将弹球放在斜板顶端中间的两个钉子之间，让弹球向下滚动。如果弹珠落入了"一垒"孔中，击球手

室内棒球游戏允许两名选手同时参与，
其制作只需用两片木板和少量钉子。

就可以进入一垒，并且再放入另外一个棋子。游戏的规则类似于常规的比赛。如果三人出局，第二名选手的参赛队的棋子就可以进入击球点，而另一队则使用场地。如果弹球卡在木板上水平线的下方，那么这就是"四坏球送上垒"；如果弹球在水平线的上方就停止了，那这就是"三击未中出局"；如果弹球没有进入任何孔而直接滚出整个模板，这就算是"出局"。可以准备一个计分卡，这个游戏就像真实的棒球比赛一样扣人心弦。

· 室内球道 ·

　　室内球道事实上就是类似于保龄球的游戏，不同之处就在于游戏是在一个支起的小板上进行的。游戏中并不是用手掷球，而是使用普通的台球球杆，球的直径32毫米。这个球道能自动摆好球，并能确保每次摆放球瓶都准确到位。

　　要制作这个球道，首先取3块刨平的木板。木料也可以使用硬木，尽管制作起来更加困难。3块木板中，2块大小为3048毫米长、229毫米宽、13毫米厚，第三块为3048毫米长、381毫米宽、13毫米厚。将前两块板并排靠在一起，并用夹板进行固定。第一块夹板安装在距离放置球瓶一端457毫米的位置。夹板应当使用厚度为19或22毫米的材料，且长度应与上层木板的宽相同，在本文中为381毫米。这些夹板是要放在下层木板的上方或两层木板之间。在第一块夹板放置完毕后，上下两块板子之间所产生的空间A可以用于存放拉动球瓶的绳子（绳子的制作在后文将提到）。将另外一块木板安装在夹板上，并进行固定。在将其放置在正中间位置后，用螺丝从下方进行固定，但是螺丝不能穿透上层木板或是露出上层木板表面，以免影响球的自由通行。上层木板和下层木板

使用球杆在球道上将球击出。

的宽度不同，这使石膏板的两侧各留出了38毫米的空隙，可以用作是球返回时的轨道。

用76毫米宽、38毫米厚的木板将轨道封闭至点B，在点B之后，使用宽152毫米的木板将球瓶一端的周围进行封闭。对上层木板的长度进行切割，以使在点C处能够留出51毫米的空隙。在空隙中放入一块厚22毫米的木块，木块表面由中间向球道两侧略微倾斜，便于球从两侧进入轨道，从而使球从木板后侧返回前端。在与木块两端相连的轨道中各放置一块宽38毫米的长木条，长度从D点至E点，并略微倾斜，使每次击球后球能自动返回。

每个球瓶的位置都在上层木板的一端进行标记。在标记出的位置上钻小孔，大小足够使粗线（类似鱼线）顺畅通过即可。球瓶用硬木制成，能够平衡竖立，两端重量不相同。在每个球瓶底钻一个凹槽F，用于将粗线用螺丝或钉子固定在其中。在下层木板上钻10个直径为9.5毫

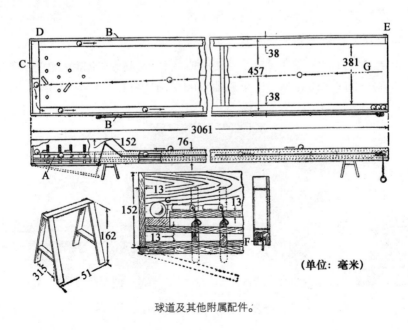

（单位：毫米）

球道及其他附属配件。

米的孔，孔穿透下层木板，并且与穿透上层木板的10个小孔的位置对应。穿过孔在球瓶的底部用粗线连接约50克的铅块，铅块超出球道下侧约6毫米。

用铰链将长宽为457毫米的木板安装在球道一端的底部，使其能够悬挂在铅块的下方。用一根粗线连接悬板，将粗线另一端沿球道底部穿至球道的前端，并穿过前端下方的螺丝孔。当松开悬板时，铅块下垂，从而拉动球瓶竖立起来，将球瓶准确摆放到位。球瓶摆好后，拉紧前端的绳子，使悬板向上顶起铅块，从而让球瓶摆脱铅块的拉力。

游戏中所使用的球用硬木制成。如果无法自制木球，也可以在玩具店中购买，直径可为32毫米。每名选手都有三次击球的机会。球放置在击球点G，用台球杆击球，并击倒尽可能多的球瓶。比赛的计分规则按照保龄球即可。

如图，支撑球道的支架可以由金属制成，也可使用木制的，选择合适的高度。也可以将球道放置在较大的桌子上使用，但是使用支架会更为方便。

美妙的运动

· 环形秋千 ·

在很多的农场或乡间家舍中都有像图中那样的环形秋千，它对孩子们充满吸引力。这种环形秋千比普通的秋千更受追捧，成为了孩子们的最爱。

要制作图中的环形秋千，首先要将一根长3米的铁链绑在一棵大树的枝干上，捆绑的位置距离树干约5.5至6.1米。在铁链的下端牢牢系一根25毫米粗的绳子，所需的长度要能够使绳子在接触到地面后余出3米。利用铅垂，在铁链与枝干捆绑点的正下方放置一根直径152毫米的木桩，木桩露出地面1.1米。在木桩的顶部钉入一根直径6毫米的杆，作为秋千旋转的轴心。将杆牢牢钉入木桩约152毫米，露出木桩顶端约76毫米。

取一根长4.6米、宽203毫米、厚25毫米的直纹木板，在一端钻一个孔，孔的大小能让木桩上的杆自由通过即可。在木板的另一端钻两个孔，用于将绳子从中穿过。第一个孔距离末端152毫米，第二个孔距离末端900毫米。将绳子的一端向下从一个孔穿过，然后再反向从另外一个孔穿过来。对木板进行调整，使其能够在木桩上充分旋转。调整完毕后，将绳子在木板上方约900毫米的位置捆绑结实。

到现在，秋千还差一个旋轴就大功告成了。将旋轴放置在绳子中，放置的位置要能够使站立在木板上的人容易碰触到，以便于为其加油润滑。

这时候，用力推木板，就能够让木板载着一个男孩绕着一个大圆圈旋转3至4圈。小孩子们肯定喜欢站在靠近木桩的地方抱住木板，将其绕着圈推。环形秋千一旦旋转起来，就会几乎毫不费力地持续旋转。

　　在制作这样的秋千时，要确保木桩牢牢地固定在了土地中，因为木桩在使用的过程中可能会出现松弛的现象。将所有的结都系紧。不要轻视旋轴的作用。在这种秋千最早出现的时候就没使用转轴，结果绳子在几天之后就拧断了。

环形秋千非常安全，并且非常好玩。但是和普通秋千一样，若玩耍时不小心进入秋千的运动轨迹就会遭到猛烈撞击。

在往枝干上绑铁链的时候没必要爬树，可以拿一根绳子，仕绳子的一端系一个石头或坚果，然后将绳子朝枝干扔去，使其绕过枝干，将绳子和铁链拉上去。在铁链离开地面之前，将其末端打成圆环，并将绳子从圆环中穿过。选择的枝干距离地面越高，秋千的效果就会越好，但7米是一个比较合适的高度。

· 可调节的沙包台 ·

图中所示的可调节沙包台不仅适合高个运动员，也适合小男孩。平台被牢牢固定在两个木制手臂或支架上，手臂或支架钉在51毫米×305毫米的木板上，木板的宽与平台的直径相当。

如图右上方所示，将木板卡在墙上的沟槽中。可以根据所需要的高度将木板和平台上下调节，并且通过将钉子或螺钉穿过木板上的螺栓孔，然后插入墙中的孔进行固定。

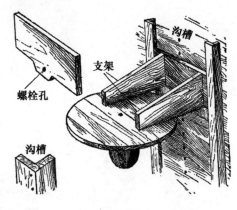

可调节的平台。

· 棒球击球训练设施 ·

志在成为优秀击球手的小男孩可能会发现他总是无法击中迎面飞来

的球。不管他怎么努力，球棒始终无法击到球。用绳子将球悬挂进行练习会有很大帮助。将一个廉价的球悬挂在树枝下，根据击球者的位置将球调节到合适的位置。在击球时，无需以本垒打为目标，因为那样可能会将绳子击断，或者会让球向上缠绕在树枝上。如果击球得当，球会悬摆出去，并以完美的弧线返回，或者会直接弹回，但并不会沿着直线。

这种训练方法将会帮助眼睛学会对球进行定位，然后进行击打，这是无法从让他人向击球者投球的训练模式中学到的。

速度与激情

· 自制环滑车 ·

图中所展示的就是屋外操场上的一根缆绳，经过简单的加工，花费不多，就能给孩子们带来无穷的欢乐。使用直径5毫米的缆绳，从树上经过一块空地牵引到谷仓上。缆绳拉好后，首先要让一个体重较重的人对其承受力进行测试。在不使用时，可以将缆绳从树上取下，收回谷仓，松散地卷起放置在干草仓中。要使用时，用一根绑在谷仓横梁上的绳子将缆绳拉紧。根据图1和图2制作手滑轮，用短螺栓将槽轮安装在木条上。中间的宽木板用硬木制成。槽轮可以从轻型滑轮车上取得，而短螺栓可以从当地的五金店买到，螺栓一定要与槽轮匹配。有必要对轴承进行润滑，可以选用凡士林。环滑车对于年少的孩子们是一项绝佳的体

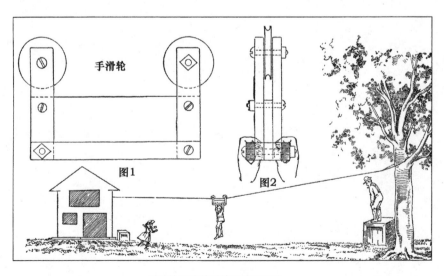

手滑轮制作的详情及使用方法。

育运动，并且这项运动绝不会出现严重摔伤的威胁，因为缆绳悬挂的高度较低，其斜度也较为缓和。

·　孩子的汽车　·

　　尽管家庭制造的敞篷车无法与奢侈的轿车相提并论，但是其独有的风格令其自成一派。无论是业余的技师或是满怀抱负的男孩儿，如果他能够相当熟练地使用工具，那么他至少能够为自己制造车子的主体部分，图中的汽车设计简单实用，并配有详细的制作方法。如果必要，他还可以找来更多技术娴熟的技师为其提供帮助。使用摩托车发动机或是其他小型的汽油发动机作为汽车的动力装置。发动机的控制装置和电路连接与摩托车的相似。司机在座椅上用手就能够控制。制造这辆汽车不需要使用弹簧，但如果需要，也可以使用。为了舒服，可以在座椅上加上坐垫。使用坚固的自行车轮胎，厚38毫米、直径711毫米的大小较为合适。引擎罩可以用木材或金属片制成，搭建在扁铁框架上。在需要维修时，引擎罩的顶部可以拿掉，整个引擎罩也能够被拆掉。汽车框架后侧的工具箱可以换成较大的隔间或支架，用于运输物资，也可以换成额外的座椅，用于搭载乘客。

　　汽车的建造首先要从底盘和运动装置开始。根据图1至图4所示的组装图，将直径16毫米的轮轴安装在车轮中，并用防松螺母将轮轴两端超出车轮轴心的部分进行固定。图6说明了如何为汽车框架制作木制支架。如图4中的A所示，将车轴卡在支架底部的凹槽（直径为16毫米的半圆）中，并且用铁片进行加固。根据图7，用64毫米×83毫米×2845毫米的木条为主体框架制作侧边。穿过侧边为支架打榫眼，并为螺栓的连接和托架开孔。在最终将螺栓固定前先用胶将榫和榫眼粘在一起。在螺栓上安装垫片，并在需要的地方安装额外的防松螺母。保持木制品的干净，并在上面刷一层亚麻油，这样污渍和油脂就不会轻易地浸透到木材内部。

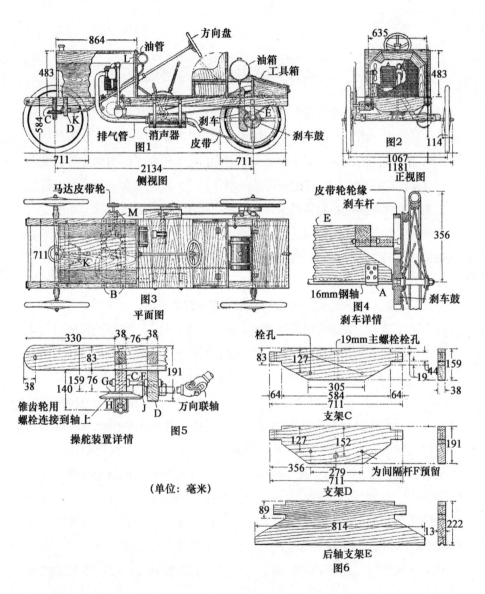

方向盘
864
油管
L
483
油箱
工具箱
E
刹车
刹车鼓
584
C
K
D
排气管　消声器　皮带
711
2134
711
图1
侧视图

635
483
图2
114
1067
1181
正视图

马达皮带轮
M
711
K
B
图3
平面图

皮带轮轮缘
刹车杆
E
356
16mm钢轴　A
刹车鼓
图4
刹车详情

330
38　76　38
83
191
159 76 G　C F
38
140　H　J D
锥齿轮用
螺栓连接到轴上
万向联轴
图5
操舵装置详情

（单位：毫米）

栓孔
19mm主螺栓栓孔
83
127
159
305　44
19
584
64
711　64
38
支架C

127　152
191
356
279　为间隔杆F预留
711
支架D

89
814
13
222
后轴支架E
图6

190

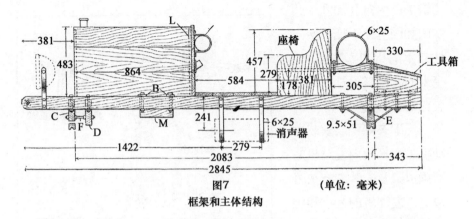

图7 （单位：毫米）

框架和主体结构

现在仅仅完成了初期底盘支撑结构的制作。接着安装前轴及操纵传动装置支架C和D，并将它们之间的间隔杆F进行调整。根据图6，为主螺栓钻孔。图5所示，安装锥齿轮和另一个机轮G，机轮G由6毫米厚的钢板制成。将齿轮H用螺栓固定在轮轴的支架上。小齿轮J安装在一个19毫米的短轴上，短轴穿过支架D，并用垫片和防松螺母进行充分固定。如图3，用6毫米×44毫米的条钢支架K将短轴夹紧。如图，短轴的一端与万向联轴的一段相连接，与联轴的另一半一样用5毫米的铆钉固定。小齿轮J也用销子固定，主螺栓的下端有一个垫片和螺母，并用开口销进行防护。从一些旧的机械设备上可以找到合适的齿轮。当然，从类似的旧的小汽车上就能够找到全套的配件。

在安装驾驶杆前，先根据图7用22毫米厚的橡木制作仪表板。仪表板高495毫米、宽711毫米，安装在汽车框架上，并用102毫米×102毫米×38毫米的三角铁（6毫米厚）在边缘进行固定。在引擎罩与仪表板相接的边缘上安装22毫米宽的木条，用于对引擎罩进行保护，如图1和图7中所示的L。如果使用铜质边条进行保护，可以使外观看起来干净整洁。在调整驾驶杆（直径22毫米）的角度时要格外仔细，以便于驾驶员的使用。将驾驶杆在仪表板上穿过的位置进行标记，并用橡木块或铁

（铜）凸缘对孔加固。凸缘的加固有助于抵消转向柱向下的压力。直径305毫米的方向盘通过铆钉安装在驾驶杆上。

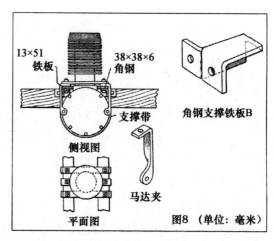

图8 （单位：毫米）

马达支架详情。引擎安装在加固角钢上，并用曲轴箱下方的夹钳和支撑带进行了加固。

接下来就可以安装发动机了。框架内发动机的准确位置及安装的方法将取决于发动机的大小和种类。最好将其安装在靠近中心的位置，以便于使汽车保持平衡。图中所展示的是一个普通的单缸气冷发动机，用支架固定在框架内，如图1、图3和图8所示。两根铁板B铆接成38毫米×38毫米的角铁，安装在框架内，借助专为发动机设计的螺钉和钢压板将发动机进行固定。交叉的铁板能够使发动机稳固，压板通过螺栓连接到曲轴箱上。中心压板是一个圆圈状的压板，从曲轴箱的底部穿过。

这样安装发动机能够使机轴从主框架穿过。针对其他特殊的发动机，也可以采用其他的方法，同时动力传输也进行相应的改变。如图3所示，机轴的一端从框架的右侧延伸出去。使用一个普通的螺丝固定套式联轴器将机轴突出部分与轴连接。如图3和图7，将木块M用螺栓固定在框架上，并安装一节铜管作为轴承。

点火加油系统、汽化器及引擎控制等机械装置的情况基本与摩托车引擎相同，根据要求进行安装即可。如图1、图2所示，油箱用结实的罐子制成，安装在仪表板的上方，并通过铜管与曲轴箱连接在一起。在仪表板上为点火系统安装一个断路开关。使用轻铁杆将摩托车引擎的操纵杆加长，并将驾驶杆安装在仪表板上或是其他方便的位置。在驾驶杆的杆上套一个铁管，并将铁管安装在仪表板的角铁上，从而将风门安装在驾驶杆上。或许也可以使用脚踩式油门，在车的底板上安装合适的配件和踏板连接。

　　在安装油箱时，要参照图1、3、7，只需制作必要的木制部件对其进行支撑。油箱的制作、安装的方式和所使用的材料要与商业轿车油箱所使用的方式和材料相同。如图1所示，通过1根铜管输送油箱中的油。在盖子上制作一个小风眼，用来保护油箱中的真空部分。使用摩托车上的消音器，与更长的管子安装在一起，并从框架的一端悬挂。

　　动力从马达轴至后侧右轮的传输主要依靠一根摩托车皮带。将皮垫圈摞在一起安装在自行车链条的上方，并在垫圈上面加上一些牛蹄油。如图1和图3所示，在马达轴承的一端安装一个有槽铸铁皮带轮，在后轮安装一个有槽轮缘，详情见图4。如图9，马达通过曲柄启动，而皮带在离合器带动下慢慢向上。图中所示，离合器用铁铸成，并与棘齿柄N和扇形棘齿O安装在一起。游离的装置用于将皮带拉至所需要的紧度，这使速度的调节变得非常灵活。

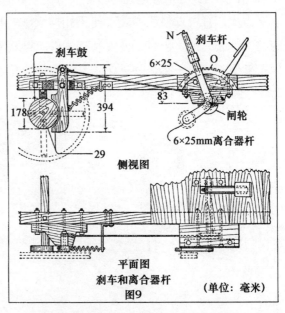

刹车由踏板控制，离合器安装在中央轴承上，借助齿轮装置和手柄进行控制。

图1和图3中展示了刹车部分，并在图4和图9中进行了详细介绍。如图，后轮配件以及轮轴部分是用木材制成，并且与一根拉簧用螺栓固定在一起。刹车鼓用铁箍支撑，并铆在车轮和皮带轮轮缘上。制动臂用一根活动金属线与闸轮连接在一起。在踏板受力被压低时，金属线就会缠绕在闸轮上，从而使刹车进行调控。踏板用铁制成，并用螺丝钉固定在轴上。用一根铁管套在中央轮轴上。轮轴搭载离合杆，铁管搭载刹车踏板和闸轮。扇形棘齿O安装在一块固定在主框架上的木块上。中央轴承搭在带有铁帽的木块中。可以在车的底面上安装一根条钢挂扣，与踏板接触，并在需要的时候扣住刹车。

引擎的冷却主要依赖穿过挂钩前方和下方的钢丝网的气流。如图2所示，如果需要，可以在引擎的延长部分安装一个带有凹齿和绳带的拼合皮带轮，并将其与双叶电扇连接。

点火装置可以最后安装。使用油灯或是电池电灯。如果需要在泥泞道路上行驶的话，还有必要安装挡泥板。可以将牢固的自行车挡泥板与保护支架安装在一起，并将保护支架用螺栓固定在轮轴上。在框架的前

这里仅涉及了车辆的基本部件，以此来帮助年轻技师简化这辆小巧实用的汽车的建造方法。其他有用和装饰性的部件可以在制造者技术和方法允许的情况下添加。

端横向安装一根结实的管子，并用牵引螺栓穿过管子以进行固定。车的主体用厚度为22毫米的偏白色木材制成，宽711毫米。首先要在木制品上刷一层底漆，然后再上两层色，最后刷一两层清漆。此外，还可以为那些没有暴露在表面的金属部件上色或涂漆。

·三轮小轿车·

这是一个带有三个轮子的小汽车，使用家庭车间中的普通工具就可以轻松制作。如图1，车的主体框架用2块51毫米厚、102毫米宽、2134毫米长的侧板AA构成。使用相同质地、长432毫米的横杆B在侧板前端将2块侧板连接在一起。将侧板制成略呈锥形。在侧板后端，侧板和木块及后轮配件的连接处相距280毫米。在木框中部固定一个长330毫米的横杆。

在两个侧板上切出座位的位置，如图中D处的凹槽。凹槽距离后端610毫米。如图，在两边侧板的后端钉上厚13毫米、宽102毫米、长

三轮小轿车的驱动原理与自行车相似，操控方式与汽车相同。

559毫米的木板E。后轮使用自行车车轮即可，可以从旧自行车上取得，或是从自行车商店用低廉的价格购买。取两根条钢F，制成类似于自行车后叉的外形，将后轮进行固定。将每根条钢都用螺栓固定在一个厚76毫米、宽102毫米、长152毫米的木块上，而木块也使用相同的螺栓固定在侧板上。木块固定在距离侧板后端508毫米的位置上。

　　如图2所示，踏板装置由普通的自行车脚踏和链轮齿构成，安装在一块厚51毫米、宽102毫米、长508毫米的木块的末端，与车后端的距离为102毫米。将木板GG横向钉在车的前端，从而将踏板装置固定在两边侧板的中心位置，如图1所示。将一个小皮带轮H装在两侧板

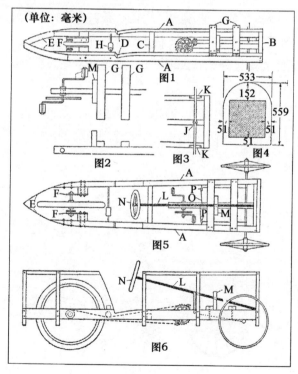

三轮小轿车各部件的构成详情。

之间的一根轴上，使其能在轴上随意转动。其作用就是为了让链条的上部在座位的下方。

如图3所示，前轴长762毫米，用枢轴固定在J的位置，距离主体框架前端152毫米的位置。如图，在两边侧板的下边缘用螺丝固定两个小铜板KK，用于支撑前轴。前轮可从废弃的婴儿车上取下，直径533毫米。

如图4所示，将木板切成图中所示的形状，用于模拟车上的散热器。在后侧固定一个较大的网筛，用于模拟水箱。

图5中的驾驶杆L用扫把杆制成，杆的一端穿过支架M后插进模拟散热器板下部的孔中。方向盘N连接在扫把杆的上端。将绳子O的中间部分在扫把杆上缠绕几圈后将绳头穿过栓眼PP的开口，然后将其向侧板AA的内侧缠绕，系在前轴上。

座椅用厚13毫米的木材制成，放置在图1中主体框架上D处的凹槽内。框架用条板或其他薄木板条制成，以便于能够如图6所示一样将其弯成散热器的形状，并钉在侧板上。然后在这些部件的顶部用木条进行纵向支撑。最后在框架表面涂漆，并根据需要上色。

· 自制过山车 ·

夏天，大量游客涌入游乐场中，备受追捧的过山车带来的欢乐不言而喻。在家中的空地或是后院上也可以为孩子建造一个较小的过山车。或者，可以和邻居家的孩子们共同成立一个基金，按照所描述的方法建造一个精致的过山车共同使用。与过山车一同建造的是长27米、两端分别高1.5米和0.9米的滑道，两端之间的滑道放置在地面上。过山车在从高的一端向低的一端滑行时，过山车驶过中部较低滑道后会继续向上爬升，然后再向后滑行到距出发点7.3米以内的位置。过山车可以容纳4个小孩或2个大人，所有材料的开销并不高。

滑道的构造简单，几乎不需要进行什么描述。将滑道做成直的，并将其牢牢固定在地上的横木和抬升的支架上。横木和支架均以约1.8米的间隔放置。先在出发点一端的平台下方固定两个支架，使滑道形成约0.15米长的斜坡，使过山车无需推动就能滑行，车滑下来之后，成年人可以将其运回出发点，而孩子们可以用平台上方的绳子将车沿滑道拉回起点，或者使用一个较小的绞盘。

车的主体框架为0.9米长、0.3米宽，各角牢固固定。轮子所用的轴是长0.48米的机件钢，两端向上弯起，就像自行车车轴一样穿过固定在

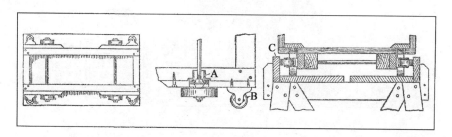

车子、轮子和支架的详情。

主体框架上的自行车车毂，如图中的A所示。轮子为实心的，直径102毫米、厚25毫米。在轮子调整完毕后，将轮子安装在球头座的自行车锥上，并在轮子两侧加上垫圈，在车轴一端用螺母牢牢固定。如图所示将导向轮B安装在主体框架的侧边。这些轮子使用普通的座椅脚轮即可，直径为51毫米。

轨道上，护轨C和导向轮B之间应当留出约13毫米的空间。这样制成的过山车，在行驶过程中与轨道贴合紧密，而且能够避免孩子因将脚或手放到车子的下面或侧面而受伤。不同年龄的孩子们都尝试过这种过山车，并且过山车在使用了一年内都未曾发生过事故。

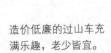

造价低廉的过山车充满乐趣，老少皆宜。

·如何制作飞轮汽车·

图中介绍的汽车与普通的汽车稍有区别，因为车上安装的一个飞轮能够为车提供动力，使驾车者在停止蹬踏后仍然能够滑行相当长的距离。飞轮还能够帮助操作者平稳行驶，顺利通过道路上的崎岖颠簸路面。飞车的主体

飞轮汽车看起来像是缩小版汽车，通过脚力进行驱动。

框架由51毫米×102毫米的木材组成。图1所示的A长1931毫米、宽102毫米，横板B长610毫米。根据图1所示，将这些木板连接、粘贴，并用螺丝固定在一起。支撑驱动部件的框架由木板C（长1880毫米）和木板D（长889毫米）组成。将这些木板安装在主体框架上，牢牢固定在横板B上。使用另外两块横板E和F对驱动部件的框架进行加固。

整个部件G包括轴承、曲柄和踏板等都能够从废弃的自行车上获得，将部件G固定在木板C上。支撑轴承的管子要紧紧地卡在木板上用伸缩式钻头钻出的孔中。钻孔的位置根据使用者的需要而定，确定孔的位置的方法如下：将部件G放置在木板C的顶端，然后将一个盒子或木板放置在框架上座椅的位置，调整G的位置找出蹬踏板舒服的位置，并在那个位置上进行标记、钻孔。

传动装置H由自行车倒刹车轮毂组成，详情见图2。拼合皮带轮J直径为152毫米，钻孔将其安装在辐条轮缘之间的车毂的中心位置。用螺栓穿过皮带轮相对的两个半轮上的孔，使其固定在车毂上。将栓头和螺帽都安装在埋头孔中，这样就不会有任何部分露出皮带轮的表面。轮毂

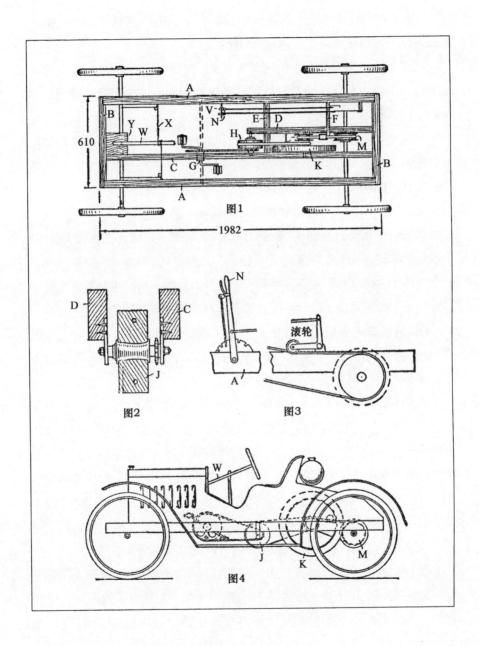

图1

图2

图3

滚轮

图4

轴的支架由两根长102毫米的条铁组成，在条铁的两端钻孔，一端插入轮轴，另一端用螺丝固定在木板C和D上。

倒刹车轮毂与自行车上的倒刹车起相似的作用。车行驶时如果停止蹬踏板，车辆也会继续前行。给踏板稍微施加向后的压力就能够起到刹车的作用。

飞轮K直径457毫米，轮宽51毫米。这样的轮子可以在废品商那里用很低廉的价格买到。飞轮安装在倒刹车轮毂H后方的一根轴上，在木板C和D之间转动。2个直径76毫米的皮带轮固定在飞轮的轴上，与飞轮一同转动。轴的两端应当在用油润滑好的轴承上转动。

另外一个直径152毫米的皮带轮M，由木材制成，固定在后轴上。图3中所示的滚轮是用一个小皮带轮或较大的线轴制成。滚轮固定在一根L形的金属棒上，金属棒固定在由操作杆N控制的轴的一端。滚轮的作用是通过控制皮带的松紧度来改变速度，其工作原理与摩托车里的相同。

图4是飞车的侧视图，其中展示了传动皮带的安排。飞轮轴上的皮带轮使飞轮高速旋转，因此，在飞轮的作用下，在车轮毂松开的情况下车子能继续前行相当长的距离。

后轴在轴承中转动。后轴的一半嵌在木板A的下沿内，而另一半则固定在木块上。如图5所示，制作一个简易的刹车。将2片金属片O（最好是铜片）弯曲，安装在轴的上下，金属片的两端固定在木条P和Q上。P和Q的一端用带铁铰链R连接。木条P的另一端固定在图1中主体框架的横板F上。而下端的木条Q在操作杆S和侧杆T的控制下运动。在P和Q的左端中间安装一个小弹簧U，使两根木条分离，确保在刹车杆未被拉动的情况下车轴能够自由转动。操作杆S通过一根长杆与手控杆V连接在一起。

图1和图4中的转向装置W由一节长1016毫米的天然气管制成。管子的一端连有一个轮子，另一端连有一根绳子X。先将绳子的中间部分在管子上缠绕几圈，然后将绳子的两端穿过主体框架木板A上的栓眼，最

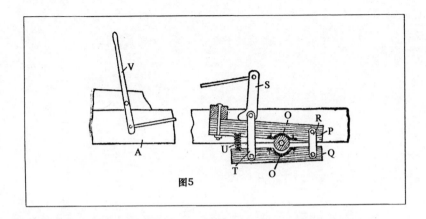

图5

后系在前轴上。前轴以木块Y下方的中心位置为枢轴。将管子的下端插入到木块Y上斜向钻出的孔中。方向盘的转动会使绳子的一端缠绕在前轴上，另一端从前轴上解下，从而使轴在中心枢轴上扭转。车轮使用自行车车轮即可，将前轴的两端弯曲，以便于放置轮锥和螺母。在将车毂中的滚珠取出后，将后轴紧紧地插在车毂中。在每个轮子上都用一个大垫片和螺母将轮子与车轴固定在一起，以使它们一同旋转。

　　制作好框架后，可以把金属板、木材或是布固定在框架上，然后将车涂成普通汽车的颜色。为了使外形更为相似，可以在车尾安装水箱和轮胎，还可以在主体框架上安装挡泥板和踏板。

　　如果在主体框架前端安装一些横板，并将摩托车引擎安装在横板上，这样驱动链轮齿就会与车毂上的链轮齿在同一直线上，制造者就可以拥有一台真正的小汽车了。

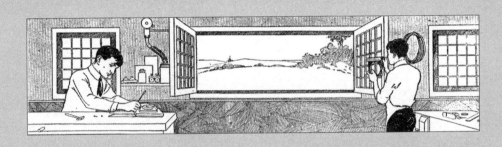

第五章
自制小工具

· 自制台钳 ·

工作台上的台钳。

在制作盒子时，木匠需要进行一些榫接工作，但是由于工作台上没有台钳，因此聪明的技师就组装了一个替代品。取一块厚19毫米、宽76毫米和长508毫米的木板，并在两端距离边缘25毫米的位置各钻一个直径为13毫米的孔。然后，使用加垫片的螺丝穿过孔，将木板固定在工作台的顶端。螺丝的长度要适中，要能够夹住需要加工的板材。

· 木工标尺 ·

用1个木块和几根普通的铁钉就能够快速制作出实用的标尺。在1个木块上钉入几个铁钉，代表不同的宽度。将铁钉垂直钉入木块中，直至钉头与木块的距离为所需测量的距离。当木块被放置在木材表面上时，钉头的边缘可以用来制作记号。

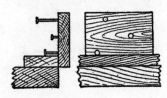

· 马芬烤盘储钉箱 ·

家庭主妇烘焙所使用的马芬烤盘是存放钉子、螺丝和其他小零件的绝佳容器。图中所示的就是装在盒中的烤盘，在盒子内部两侧锯出凹槽，使烤盘能够在槽中滑动。

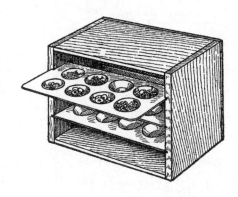

在制作盒子时，要使盒子两侧木板压在顶部和底部木板的两端，这样的结构能够更好地承受烤盘的重量。两侧木板的厚度

金属托盘相当实用，也可以将其随意拆卸用在其他地方。

为22毫米，这样，在上面锯出深6毫米的凹槽时就不会减弱木板的支撑力。如果在盒子内侧钉上小木块充当滑槽，就可以选用更薄的木板，并且不需要使用锯子。

· 座椅下的便捷工具抽屉 ·

对于那些偶尔在家中进行一些简单维修工作的房主来说，工作椅下方的活动抽屉将会提供极大的便利。当坐着工作时，工具总是能够随手拿到，而使用完毕后也无需起身就能把工具放回原位。在一些小店铺里，如果进行焊补或简易木工，这个装置也是非常实用的。

（京）新登字083号

图书在版编目（CIP）数据

玩具DIY：给孩子们的114个动手制作的娱乐项目／美国《大众机械》编；曹庆刚译. —北京：中国青年出版社，2013.12

（低科技丛书）

书名原文：The boy mechanic makes toys: 159 games, toys, tricks, and other amusements

ISBN 978-7-5153-2048-9

Ⅰ.①玩… Ⅱ.①美… ②曹… Ⅲ.①玩具—制作—少年读物

Ⅳ.①TS958.06-49

中国版本图书馆CIP数据核字（2013）第269730号

版权登记号：01-2011-7198

The Boy Mechanic Makes Toys: 159 Games,Toys, Tricks, and Other
Amusements

copyright © 2006 by Hearst Communications

责任编辑：彭　岩
书籍设计：刘　凛

出版发行：中国青年出版社
社址：北京东四12条21号
邮政编码：100708
网址：www.cyp.com.cn
编辑部电话：（010）57350407
门市部电话：（010）57350370
印刷：三河市君旺印务有限公司
经销：新华书店

开本：710×1000　1/16
印张：13.75
字数：160千字
插页：1
版次：2013年12月北京第1版
印次：2022年1月河北第7次印刷
定价：25.00元

本图书如有印装质量问题，请凭购书发票与质检部联系调换
联系电话：（010）57350337